作って学ぶ

iPhone
アプリの教科書

Swift 4 & Xcode 9 対応　　森 巧尚 [著]

■本書のサポートサイト

本書の補足情報やサンプルファイルを掲載してあります。適宜ご参照ください。

http://book.mynavi.jp/supportsite/detail/9784839964900.html

●本書はiOS 11、Xcode 9、Swift 4の環境で解説しています。iOS、Xcode、Swiftのバージョンの変更により、操作や機能が変更になることがあります。

●本書は2017年11月段階での情報に基づいて執筆されています。本書に登場するソフトウェアのバージョン、URL、製品のスペックなどの情報は、すべてその原稿執筆時点でのものです。執筆以降に変更されている可能性がありますので、ご了承ください。

●本書に記載された内容は、情報の提供のみを目的としております。したがって、本書を用いての運用はすべてお客様自身の責任と判断において行ってください。

●本書の制作にあたっては正確な記述につとめましたが、著者や出版社のいずれも、本書の内容に関してなんらかの保証をするものではなく、内容に関するいかなる運用結果についてもいっさいの責任を負いません。あらかじめご了承ください。

●本書中の会社名や商品名は、該当する各社の商標または登録商標です。本書中では ™ および ® マークは省略させていただいております。

はじめに

こんにちは。
さあ、iPhoneアプリを作りましょう！

この本は、「iPhoneアプリを作ってみたい初心者のための入門書」です。はじめてアプリを作ろうという人でも楽しく学んでいけるように、イラストや図解をたくさん使ってやさしく解説していきます。
アプリを作るには、3つの技術が必要です。

1つ目は、開発アプリ（Xcode）を使えるようになること。
2つ目は、iPhoneアプリを作る流れを理解すること。
3つ目は、プログラミング言語（Swift）を使えるようになること。

そのためこの本では、実際にサンプルアプリを作りながら、これらについて学んでいきます。ですが、複雑なサンプルにしてしまって、本の通りにはできたけれど、いざ自分で作ろうと思ったらよくわからなくなった、ということになったら残念です。「できるだけシンプルなサンプル」にして、作りながら意味を理解できるように心がけました。
重要なのは「情報量」よりも「意味をしっかりと納得すること」です。
モノ作りの方法を理解して、モノ作りを好きになって、そして、楽しむことを忘れないで作っていきましょう。

より楽しさを感じていただきたいので、最後の章では最新技術の紹介もしています。iOS 11で登場した「Core ML」です。これはなんと、初心者でも「人工知能を利用したアプリ」を作ることができるという新技術なのです。多くの人がアプリに人工知能を利用することで、これまでとは違った面白い発想のアプリが出てくる予感がします。

ぜひ、アプリ作りを楽しみながら体験してみてください。

2017年11月
森　巧尚

Contents

Chapter 1　アプリ作りに必要なもの：インストール　001

Chapter 1-1　開発に必要なものはなに？ ････････････････････････････ 002
　　　　　　　　Macがあれば作れる！ ･･････････････････････････････････ 002
Chapter 1-2　Xcodeをインストール ･････････････････････････････････ 005
　　　　　　　　実習 インストールは［入手］ボタンを押すだけ ･･････････ 005
Chapter 1-3　アプリ開発の基本的な流れは？ ･････････････････････････ 007
　　　　　　　　アプリは5つの手順で作る ･･････････････････････････････ 007
Chapter 1-4　Xcodeの試運転をしよう ･･･････････････････････････････ 009
　　　　　　　　簡単アプリを作って試運転 ･･････････････････････････････ 009
　　　　　　　　実習 Helloアプリを作ってみよう ･･･････････････････････ 009

Chapter 2　はじめてのアプリ作り：Xcodeの使い方　013

Chapter 2-1　アプリを作りながらXcodeを理解しよう ･････････････････ 014
　　　　　　　　実習 AppleのWebページを表示するアプリを作る ･･･････ 014
Chapter 2-2　プロジェクトを作ろう：New Project ･････････････････････ 015
　　　　　　　　実習 プロジェクトを作る ･･･････････････････････････････ 015
　　　　　　　　実習 テンプレートを選ぶ ･･･････････････････････････････ 016
　　　　　　　　実習 プロジェクトの基本情報を入力する ･･････････････････ 017
　　　　　　　　Xcodeの画面について ･･････････････････････････････････ 021
Chapter 2-3　画面を作ろう：Interface Builder ････････････････････････ 025
　　　　　　　　実習 インターフェイスビルダーで画面をデザインする ･････ 025
　　　　　　　　実習 AutoLayoutの設定 ････････････････････････････････ 027
Chapter 2-4　部品とプログラムをつなごう：Assistant Editor ･･････････ 031
　　　　　　　　実習 並べた部品とプログラムを線でつなぐ ･･････････････ 031
Chapter 2-5　プログラムを書こう：Source Editor ･･････････････････････ 035
　　　　　　　　実習 Swiftプログラムを書く ･･････････････････････････ 035
　　　　　　　　プログラム入力時は、アシスト機能が働く ･･････････････ 036
Chapter 2-6　テストしよう：Simulator ･･････････････････････････････ 037
　　　　　　　　実習 Simulatorでテスト ･･･････････････････････････････ 037
　　　　　　　　iPhoneの種類を切り換えて実行する方法 ･･････････････ 038
　　　　　　　　Simulatorの基本操作 ･･････････････････････････････････ 038

Chapter 3　アプリの画面を作る：Storyboard、AutoLayout　041

Chapter 3-1　画面の作り方 ·· 042
画面作りは、部品を並べて、整えて、AutoLayout ··· 042

Chapter 3-2　AutoLayoutってなに? ··· 044
変えたくないところはどこか? ·· 044
実習 AutoLayout を試してみよう ··· 044

Chapter 3-3　AutoLayout：Add New Constraints で固定 ··························· 049
AutoLayout ボタン ··· 049
固定したいときは、[Add New Constraints] ·· 049
コツは「4ヶ所を固定すること」 ··· 050
いろいろな問題の対処は、Resolve Auto Layout Issues ··························· 052
実習 部品を右下に固定してみる ··· 054
実習 部品を画面いっぱいに固定してみる ·· 055

Chapter 3-4　AutoLayout：Align で揃える ·· 058
揃えたいときは、[Align] ·· 058
画面中央に揃えて表示したいとき ·· 058
実習 部品を画面中央に揃える ··· 059

Chapter 3-5　AutoLayout：Stack View で並べる ··· 062
部品を並べたいときは、Stack View ·· 062
実習 ボタンを3つ、画面の下に等幅で並べる ·· 063

Chapter 4　Swiftを体験する：Playground　069

Chapter 4-1　Swiftってなに? ··· 070
安全なアプリを作れるプログラミング言語 ··· 070
実習 Playground は、Swift 練習帳 ·· 070

Chapter 4-2　データを扱う：変数、定数、データ型 ······································· 072
実習 算術演算子：＋、－、＊、/、％ ·· 072
実習 変数：「データを入れる箱」に名前をつけたもの ····························· 073
実習 定数：「値」に名前をつけたもの ··· 073
データ型：何のデータかハッキリさせる ·· 075
実習 データ型の種類 ··· 076
実習 型変換 ··· 078

Chapter 4-3　プログラムの構造について ··· 081
ブロックは、仕事のまとまり ··· 081
プログラムの3つの基本構造 ·· 082
順次構造：上から順番に、実行する ·· 082
実習 選択構造（条件分岐）：もしも〜なら、実行する ····························· 083

V

実習 反復構造（ループ）：くり返し、実行する ········· 086

コメント文 ········· 091

Chapter 4-4　たくさんのデータを扱う ········· 092

複数データを扱う ········· 092

配列（Array）：並んだたくさんのデータをまとめて扱う ········· 092

実習 配列（Array）を作る ········· 093

実習 配列（Array）を調べる ········· 095

実習 配列（Array）を操作する ········· 097

辞書データ（Dictionary）：たくさんのデータを名前で管理する ········· 100

実習 辞書データ（Dictionary）を作る ········· 100

実習 辞書データ（Dictionary）を調べる ········· 102

実習 辞書データ（Dictionary）を操作する ········· 104

タプル（Tuple） ········· 105

実習 タプル（Tuple）の使い方 ········· 105

Chapter 4-5　仕事をまとめる：関数（メソッド） ········· 108

関数とは？ ········· 108

実習 関数の作り方と呼び出し方 ········· 109

Chapter 4-6　安全機能：オプショナル型 ········· 113

実習 変数にnilが入ると危険！：Xcodeのチェック機能 ········· 113

Chapter 4-7　オブジェクト指向で動かす：クラス ········· 121

オブジェクト指向は、アプリを作る考え方 ········· 121

オブジェクトは、クラスという設計図で作る ········· 122

クラスの作り方 ········· 123

実習 オブジェクトの作り方 ········· 124

実習 クラスの［継承］と［オーバーライド］ ········· 126

すべてのオブジェクトは「何かのきっかけ」で動く：イベントメソッド ······ 128

Chapter 5　部品の使い方：UIKit ········· 129

Chapter 5-1　UIKitってなに？ ········· 130

UIKitは、画面に並べる部品 ········· 130

Chapter 5-2　UIKitアプリを作ろう【画面デザイン編】 ········· 131

実習 UIKitでアプリを作ろう！ ········· 131

実習 アプリの画面を作る ········· 132

Chapter 5-3　UIKitでアプリを作ろう【プログラム編】 ········· 139

実習 画面とプログラムを接続する ········· 139

実習 プログラムを作る ········· 141

Chapter 5-4　UILabel ········· 143

アトリビュート・インスペクタで設定 ········· 143

プロパティで設定 ········· 144

VI

Chapter 5-5	**UIButton**	146
	アトリビュート・インスペクタで設定	146
	プロパティで設定	147
	イベントメソッド	147
Chapter 5-6	**UISwitch**	148
	アトリビュート・インスペクタで設定	148
	プロパティで設定	149
	イベントメソッド	149
Chapter 5-7	**UISlider**	150
	アトリビュート・インスペクタで設定	150
	プロパティで設定	151
	イベントメソッド	151
Chapter 5-8	**UITextField**	152
	アトリビュート・インスペクタで設定	152
	プロパティで設定	153
	イベントメソッド	153
Chapter 5-9	**UITextView**	154
	アトリビュート・インスペクタで設定	155
	プロパティで設定	155
	イベントメソッド	156
Chapter 5-10	**UIImageView**	157
	アトリビュート・インスペクタで設定	158
	プロパティで設定	159

Chapter 6　複数画面のアプリ：ViewController　161

Chapter 6-1	**アラート、アクションシートってなに?**	162
	一時的に重ねるダイアログ	162
Chapter 6-2	**アラートでアプリを作ろう【画面デザイン編】**	166
	実習 アラートで計算クイズアプリを作ろう!	166
	実習 アプリの画面を作る	167
Chapter 6-3	**アラートでアプリを作ろう【プログラム編】**	174
	実習 画面とプログラムを接続する	174
	実習 プログラムを作る	176
Chapter 6-4	**複数画面アプリのしくみって?：ViewController**	179
	複数画面のアプリ	179
	❶画面それぞれにViewControllerを作る	180
	❷画面の切り替え方を考える	182
	❸画面から画面へデータを受け渡す	185

VII

Chapter 6-5	複数画面のアプリを作ろう【画面デザイン編】	187
	新しい画面を追加する方法	187
	実習 複数画面の色当てアプリを作ろう！	188
	実習 プロジェクトを作る	189
	実習 1つ目の画面を作る	190
	実習 2つ目の画面を作る	194
	実習 2つの画面をつなぐ	197
Chapter 6-6	複数画面のアプリを作ろう【プログラム編】	200
	部品をつないで、プログラムを作る	200
	実習 1つ目の画面を表示したとき、RGBの数値を表示する	200
	実習 2つ目の画面を表示したとき、背景色を塗る	203
	実習 1つ目の画面から切り替わるとき、RGBの値を受け渡す	205

Chapter 7　一覧表示するアプリ：Table　207

Chapter 7-1	リスト表示させたいときは？：TableView	208
	テーブルビュー：たくさんのデータを表示する	208
	テーブルビューの構造	208
	テーブルビューの設定方法	209
	テーブルビューにデータを表示する方法	209
Chapter 7-2	セルの表示を変更したいときは？	214
	UITableViewCell：セルの表示を変更する	214
	セルの種類を選択して変更する方法	215
Chapter 7-3	テーブルビューでアプリを作ろう	219
	実習 テーブルビューでフォント一覧アプリを作ろう！	219
	実習 アプリの画面を作る	221
	実習 プロトコルを設定する	224
	実習 部品をつないで、プログラムを作る	225
Chapter 7-4	セルを自由にレイアウトしたいときは？	228
	UITableViewCell：セルを自由にレイアウトして作る方法	228
	実習 ❶部品にタグをつけて、タグでアクセスする方法	229
	実習 ❷セルのカスタムクラスを作って、アクセスする方法	231
Chapter 7-5	Master-Detailでアプリを作ろう【画面デザイン編】	236
	Master-Detail Appは、階層的に切り替わるアプリ	236
	実習 写真一覧アプリを作ろう！	237
	実習 アプリの画面を作る	238
	実習 リストの編集機能を削除	241
	実習 テストデータを表示させる	243
Chapter 7-6	Master-Detailでアプリを作ろう【プログラム編】	246
	写真一覧アプリを修正する	246

実習	プロジェクトに画像を追加して、配列をファイル名に修正する ···· 247
実習	ディテール画面のラベルを削除して、イメージビューを追加する ··· 249
実習	画像を表示する ·· 253

Chapter 8 アプリを仕上げる：アイコン、テスト 255

Chapter 8-1 アイコン 256
アイコンとは ··· 256
実習 アイコンを設定する方法 ······························· 256

Chapter 8-2 起動画面 259
起動画面とは ··· 259
実習 [LaunchScreen.storyboard] ファイルで作る ············· 259

Chapter 8-3 外国語対応（ローカライズ） 261
外国語に対応 ··· 261
実習 何語に対応するかを決める ····························· 262
実習 アプリ名をローカライズする方法 ····················· 263
実習 インターフェイスビルダーで設定する文字列をローカライズする方法··· 266
実習 プログラム内で使う文字列をローカライズする方法 ········· 269

Chapter 8-4 実機でテスト 274
実習 実機でテストする方法 ······························· 274

Chapter 9 人工知能アプリに挑戦！：Core ML 277

Chapter 9-1 機械学習を利用したいときは？：Core ML 278
ARKit と Core ML ······································ 278
機械学習とは？ ··· 279
Core ML とは？ ·· 280

Chapter 9-2 人工知能アプリを作ろう［写真を表示するアプリ］ 282
実習 写真を表示するアプリを作ろう！ ····················· 282
実習 アプリの画面を作る ······························· 283

Chapter 9-3 人工知能アプリを作ろう［人工知能を追加する］ 291
実習 「学習モデル」を入手してプロジェクトに追加する ········· 291
実習 画像予測処理を、バックグラウンドで処理させる ········· 297

巻末付録 **キーワードIndex** ···································· 304

この本の読み方

本書は大きく「解説」パートと「実習」パートの2つで進んでいきます。

●「解説」パート

読んで勉強していくパートです。図解やイラストを使って、なるべくわかりやすく、解説しています。

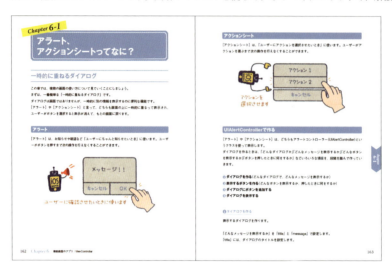

●「実習」パート

手順に沿って、実際にサンプルを作りながら、マスターしていくパートです。
サンプルファイルは本書サポートサイトから入手できます。

http://book.mynavi.jp/supportsite/detail/9784839964900.html

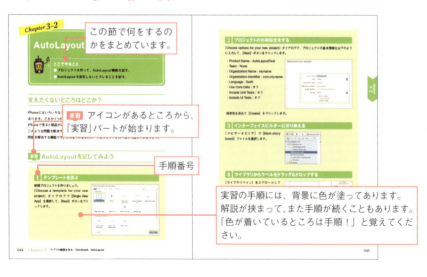

Chapter 1

アプリ作りに
必要なもの：
インストール

この章でやること

● アプリ作りに必要なものを知りましょう。

● アプリ作りに必要なXcodeのインストールと、試運転をします。

Chapter 1-1

開発に必要なものはなに？

Macがあれば作れる！

さあ、楽しいiPhoneアプリ開発を始めましょう。

iPhoneアプリは、Mac（パソコン）とXcode（開発アプリケーション）で開発します。そして、Xcodeは、いつでもApp Storeからダウンロードすることができます。
つまりMacさえあれば、今すぐにでもiPhoneアプリの開発を始めることができるのです。

アプリを作るには、［Xcode（エックスコード）］というアプリケーションを使います。Xcodeでは、iPhoneアプリの画面を作って、プログラムを書いて、アプリを完成させることができます。さらに、iPhoneのシミュレータを使って実行テストもできますし、完成したアプリをApp Storeにリリースすることまでできてしまいます。
この［Xcode］は、無料です。こんなすごい開発アプリケーションを、Apple社は無料で提供してくれているのです。多くの人にいろいろなアプリを作って欲しいと思っているわけですね。

アプリ開発は［Mac］と［Xcode］だけでできますが、実際にApp Storeでリリースするためには「Apple Developer Programへの登録」も必要になってきます。これは有料のサービスです。アプリの管理を行ってくれたり、公開前に品質をチェックしてくれたり、販売手続きなどを行ってくれるシステムです。
でも、アプリを作ってみたいだけなら、「Apple Developer Programへの登録」はしなくても作れます。有料登録するのは、アプリ開発に自信がついて、App Storeで思いついたアプリを公開しようと決心してからでも大丈夫です。
まずは、［Mac］だけを用意してアプリ開発を体験していきましょう。

1）Mac（開発マシン）

Xcodeを動かすので、macOS 10.12.6以降が動くMacが必要です。
また、インターネット環境も必要です。

Mac

2）Xcode（開発アプリケーション）

Xcodeは、iPhoneアプリを開発するための開発ツールです。
XcodeにはiPhoneのシミュレータがついているので、Xcodeだけでもアプリの動作確認をすることができます。

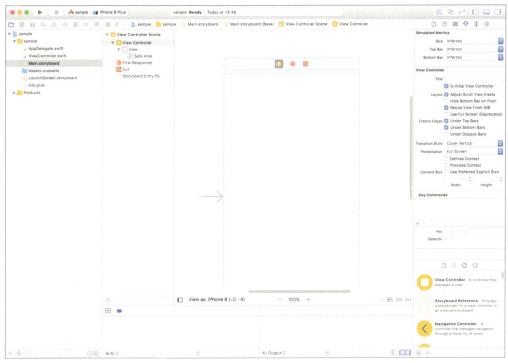

Xcode

3) iPhone（実機テスト用）

App Storeでリリースするアプリを作るには、実機のiPhoneでテストする必要があります。
iPhoneをMacにUSB接続して、Xcodeから実機のiPhoneでアプリを実行させてテストすることができます。

iPhone

4) Apple Developer Program登録（アプリリリースの契約：有料）

アプリを開発するだけなら契約の必要はありませんが、App Storeでアプリをリリースするには、Apple Developer Programへの年間契約が必要です。
この登録には、年間11,800円（税別）での契約になります（2017年10月現在）。

Apple Developer Program

Chapter 1-2

Xcodeをインストール

ここでやること
- App StoreからXcodeをインストールする。

実習 インストールは［入手］ボタンを押すだけ

それでは、Xcodeのインストールをしましょう。Xcodeは、App Storeから無料でダウンロードできます。

1 Xcodeを見つける

まず、App Storeの［開発］から［Xcode］を見つけてください。［カテゴリ］の［開発ツール］を選択すれば、すぐに見つけることができると思います。ボタンをクリックします。

005

2 [入手] ボタンを押す

[入手] ボタンを押してください。ボタンを押すだけで、Xcode が自動的にダウンロードされて、インストールが行われます。

3 Dockへ追加

インストールされたXcodeは、Macのアプリケーションフォルダの中に入っています。このままでは使いにくいのでDockへ追加しておきましょう。
アプリケーションフォルダのXcodeをDockへドラッグ＆ドロップするだけで追加できます。

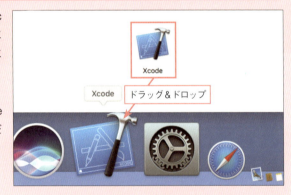

Chapter 1-3

アプリ開発の基本的な流れは？

アプリは5つの手順で作る

さて、iPhoneアプリはどのように作っていくのでしょうか？
開発にはSwiftというプログラミング言語を使いますが、Swift言語だけで作るわけではありません。Swift言語でのプログラミング以外にも、画面をデザインしたり、画面の部品とプログラムを結びつけたり、いろいろな作業をXcodeを使って行っていくのです。

iPhoneアプリの開発は、大きく分けて以下の5つの作業を行います。これらの作業が必要だということを覚えておきましょう。

アプリ開発に必要な作業

❶ プロジェクトを作る：New Project

- どんなアプリを作るのかを、テンプレートから選んで始めます。
- プロジェクト(アプリ)の名前を考えます。

❷ 画面をデザインする：Interface Builder

- 画面にどんな部品が必要か、どんなデザインにするかを考えます。
- 画面が複数ある場合は、画面と画面のつながりを考えます。

❸ 部品とプログラムをつなぐ：Assistant Editor

- 部品に名前をつけたり、どんな仕事をさせるかを考えます。

❹ プログラムを書く：Source Editor

- アプリにさせる仕事をプログラムで記述します。

❺ テストする：Simulator

- できたアプリの動作確認をします。

この5つの手順を順番に行って、アプリを作っていきます。

しかし、この5つの手順を1回行っただけでアプリが完成することはほとんどありません。

❺まで進んでも、❹へ戻ってプログラムを書き直したり、❸まで戻って部品とのつながりを確認して修正を行います。場合によっては❷まで戻って画面作りからやり直すこともあります。

これらの手順を行ったり来たりしながら作っていくのです。

大変なように思いますが、修正しているうちにだんだん思い通りに作れるようになってきて、うれしくなってきます。うれしくなってくると、さらに良くするアイデアが浮かんできて試したくもなってきます。

いつの間にか自分自身がレベルアップしてきているのが感じられるようになりますよ。

Chapter 1-4

Xcodeの試運転をしよう

ここでやること
- テンプレートをほぼそのまま実行して、Xcodeを動作確認する。

簡単アプリを作って試運転

それでは、簡単なアプリを作ってみましょう！

これはアプリ作りというよりも、Xcodeの「試運転」だと思ってください。簡単なアプリを作って動かすことができれば、このMac上でアプリを作る準備が整ったことが確認できます。

それでは、Xcodeの試運転をしましょう。

実習 Helloアプリを作ってみよう

[難易度] ★☆☆☆☆

どんなアプリ？
画面に「Hello」と表示するだけの簡単なアプリです。

アプリのしくみ
画面にラベルを配置して作ります。
ラベルの文字を「Hello」にします。

Xcodeの操作方法の詳細はChapter2以降で解説していきますので、まずはここで説明する手順通りにアプリを作ってみましょう。

作ってみます

1 新規プロジェクトを作る

Xcodeを起動すると［Welcome to Xcode］ウィンドウが表示されます。この［Create a new Xcode project］ボタンをクリックします。

> **TIPS**
> **Welcome to Xcodeウィンドウを表示させる方法**
> Welcome to Xcodeウィンドウを閉じてしまったときは、メニューから［Window］>［Welcome to Xcode］を選択すると表示されます。

2 テンプレートを選択する

テンプレートを選択する画面が表示されますので、［Single View App］を選択して、［Next］ボタンをクリックします。

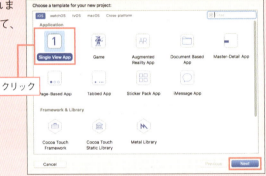

3 プロジェクト名を決める

プロジェクトの基本情報を入力する画面が表示されますので、以下のように入力・設定をして、［Next］ボタンをクリックします。

- Product Name：hello
- Team：None
- Organization Name：myname
- Organization Identifier：com.myname
- Language：Swift
- Use Core Data：オフ
- Include Unit Tests：オフ
- Include UI Tests：オフ

4 保存先を指定する

保存ダイアログが表示されますので、プロジェクトの保存先を決めて［Create］ボタンをクリックします。
これで新規プロジェクトが作成されました。

5 storyboardを選択する

プロジェクトが作成されるとXcodeの画面が表示されます。
左側にあるファイル一覧から［Main.storyboard］をクリックして選択します。

6 ラベルを画面上にドラッグ＆ドロップする

画面に長方形の枠が表示されたら、画面右下に並んでいるアイコンのエリアをスクロールして［Label（ラベル）］を見つけてください。
これを、画面の長方形の左上の方へドラッグ＆ドロップして配置します。

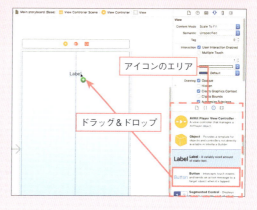

7 ラベルを「Hello」にする

配置された「Label」をダブルクリックすると、文字が選択された状態になります。
キーボードから「Hello」と入力すると、ラベルの文字を変更することができます。

8 テストする

画面左上にある [Run] ボタンをクリックします。すると、Simulatorが起動し、アプリが実行されます。

確認

いかがですか？ 左上にHelloと表示されたアプリが表示されましたか？
エラーが出ずにちゃんとアプリが動けば、Xcodeの試運転は成功です。

シミュレータの画面が大きすぎて表示しきれないときは、Simulatorのメニューから [Window] > [Scale] > [50%] などの倍率を選択すると小さく表示されます。

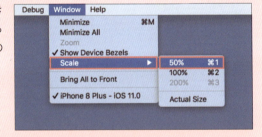

9 シミュレータを停止

アプリの確認ができたら、最後にシミュレータを停止しましょう。[Run] ボタンの右にある [Stop] ボタンをクリックします。

これで、Xcodeの試運転は終了です。

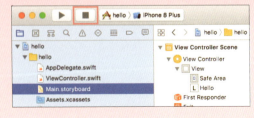

Chapter 2

はじめてのアプリ作り： Xcodeの使い方

この章でやること

● アプリを作りながら、Xcodeの基本的な操作を理解しましょう。

● ① プロジェクトを作り、

② アプリの画面を作り、

③ 部品とプログラムをつないで、

④ プログラムを書いて、

⑤ テストをします。

Chapter 2-1

アプリを作りながらXcodeを理解しよう

ここでやること
- AppleのWebページを表示するアプリを作る。

Xcodeにはたくさんの画面があり、いろいろな使い方があります。そこでこの章では、実際にアプリを作りながら、場面に応じたXcodeの画面や使い方を見ていくことにします。
Appleのページを表示するアプリを作りながら、見ていきましょう。

実習 AppleのWebページを表示するアプリを作る

［難易度］★☆☆☆☆

どんなアプリ？
起動すると、「AppleのWebページ」を表示するアプリです。

アプリのしくみ
画面全体に、Webサイトを表示する部品（ウェブビュー）を配置します。アプリが表示されるとき、AppleのWebページを表示する命令を行います。

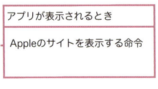

プロジェクトを作ろう： New Project

ここでやること
- 新規プロジェクトをテンプレートから選ぶ。
- プロジェクトの初期設定を行う。

実習 プロジェクトを作る

アプリ開発は、まず［新規プロジェクト］を作るところから始めます。

［プロジェクト］とは、「アプリ開発に必要なファイルをまとめて入れておく入れ物」です。実際フォルダの形式になっています。
アプリを作るときは、このプロジェクトフォルダの中に［画面データ］や［プログラム］、［素材］、［設定データ］など、必要なものをいろいろ入れて作っていくのです。

1 新規プロジェクトを作る

Xcodeを起動すると［Welcome to Xcode］ウィンドウが表示されます。
この［Create a new Xcode project］ボタンをクリックします。

さあ、新規プロジェクトを作ります。

015

実習 テンプレートを選ぶ

アプリを作るときは、全く何もないところから作り始めるのではなく、テンプレートを選んで作り始めます。テンプレートには基本的な機能が入っていて、そのまま「空っぽのアプリ」としてすぐに動かすことができます。そのテンプレートに必要な部品やプログラムを追加して、自分のアプリを作っていくのです。

テンプレートにはいろいろな種類があります。自分が作りたいアプリに一番近いものを選びましょう。
ほとんどの場合は、一番シンプルな［Single View App］を選んで作ります。

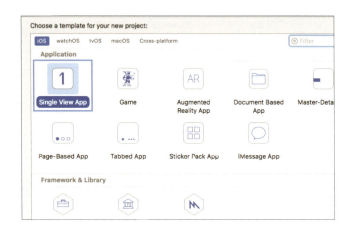

テンプレートの種類

Single View App	1枚のView（画面）で作るアプリ用のテンプレートです。 一番シンプルな構造なので、基本的にこれを使って作ります。 テンプレートには画面は1つしかありませんが、ここに画面を追加して複数画面のアプリを作っていくことができます。（※ 本書では主にこの「Single View App」を使って解説していきます）
Game	ゲームを作るのに適したテンプレートです。 絵をたくさん速く動かしたり、物理シミュレーションを行ったアプリを作りたいときに使います。
Master-Detail App	階層的に画面推移するアプリ用のテンプレートです。 最初の画面がテーブルビューという一覧表の画面でできています。一覧表の中から1つを選択すると、より深い詳細な階層へ潜り、戻るボタンを選択すると元の画面に戻ります。 マスター画面の一覧表を選択して、詳細画面へ切り替わるような、アプリに使います。 （Chapter 7-5 で解説します）
Page-Based App	ページをパラパラとめくっていくようなアプリ用のテンプレートです。 画面の切り換えやデータの表示はプログラムで行っています。
Tabbed App	画面下部にあるタブバーをタップすることで画面が切り替わるアプリ用のテンプレートです。 複数画面を切り替えて操作するタブバー付きアプリに使います。
Sticker Pack App	iMessage上で使うステッカーパック用のテンプレートです。
Message App	iMessage内に表示するアプリ用のテンプレートです。
Augumented Reality App	ARアプリを作るためのテンプレートです。カメラ映像に3DCGを合成するアプリを作るときに使います。

2 テンプレートを選ぶ

「Choose a template for your new project」というダイアログが表示されます。
[Single View App]を選択して、[Next]ボタンをクリックします。

実習 プロジェクトの基本情報を入力する

テンプレートを選択したら、次はプロジェクトの基本情報を入力していきます。「これから作るアプリは、どんな名前なのか、誰が作るのか、どんな環境で動くのか」を決めるのです。

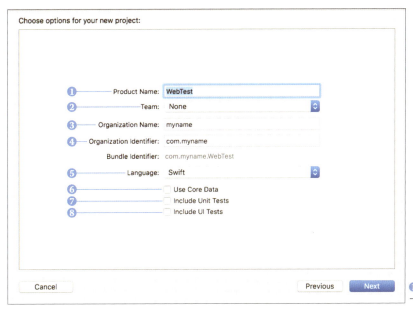

❶〜❽の説明は、次ページで行っています。

017

❶ Product Name（製品名）

プロジェクトの名前です。アプリの名前にもなります。自由につけることができますが、あとで変更することは難しいのでよく考えてつけましょう。基本的に半角英数文字でつけます。iPhone上で表示するアプリ名は後で変更することが可能です。

❷ Team（チーム）

Appleに開発者登録している名前を選びます。アプリをシミュレータで試すだけなら「None」の設定のままでかまいません。iPhoneの実機で試したり、App Storeで公開する場合には、Apple IDの設定が必要です。

❸ Organization Name（組織名）

アプリを開発する組織の名前です。制作者や制作会社の名前を入力します。

アプリを申請するときに重要になる名前です。

申請しないでテストするだけだったら「myname」など、適当な名前でかまいません。

❹ Organization Identifier（組織識別名）

他のアプリと区別するための名前です。主にドメインをひっくり返したもの（逆ドメイン）を使います。例えば、ドメインが「test.co.jp」だったら「jp.co.test」と指定します。

アプリを申請するときに重要となる［Bundle Identifier］として使われる重要な名前です。

申請しないでテストするだけだったら「com.myname」など、適当な名前でかまいません。

❺ Language（プログラム言語）

アプリを作るプログラム言語を選択します。Objective-Cで作るのか、Swiftで作るのかを選択します。本書では［Swift］を選択します。

❻ Use Core Data

データベース機能を使うかどうかのチェックです。本書では使わないので［オフ］にします。

❼ Include Unit Tests
❽ Include UI Tests

アプリの信頼性を高めるためのテストに使う機能です。高機能なアプリを作るようになってから利用すればいいと思いますが、初心者のうちはオフにしていてもかまいません。本書では使わないので［オフ］にします。

3 プロジェクトの初期設定をする

「Choose options for your new project」というダイアログが表示されます。
プロジェクトの基本情報を以下のように入力して、[Next]ボタンをクリックします。

- Product Name：WebTest
- Team：None
- Organization Name：myname
- Organization Identifier：com.myname
- Language：Swift
- Use Core Data：オフ
- Include Unit Tests：オフ
- Include UI Tests：オフ

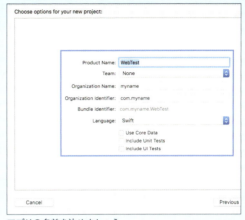

アプリの名前を決めましょう。

4 プロジェクトの保存先を指定する

保存ダイアログが表示されますので、プロジェクトの保存先を決めて[Create]ボタンをクリックします。
これで新規プロジェクトが作成されました。

プロジェクトが作成されると、Xcodeの画面が現れます。

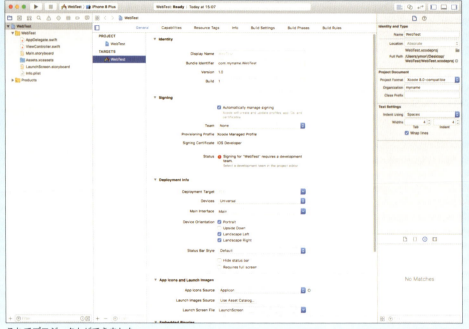

これでプロジェクトができました。

Xcodeの画面について

Xcodeの画面を簡単に説明しておきます。
以下のように5つのエリアに分かれています。

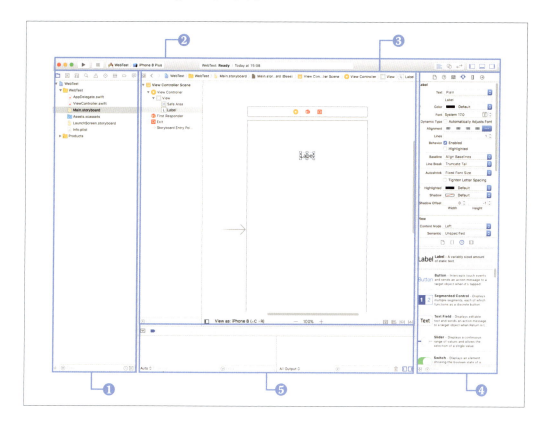

❶ **ナビゲータエリア** ：作業ファイルの選択をするエリア
❷ **ツールバー** ：画面を切り換えたり、アプリの実行をするエリア
❸ **エディターエリア** ：画面を作ったり、プログラムを書くエリア
❹ **ユーティリティエリア** ：画面を作るときに使うエリア
❺ **デバッグエリア** ：アプリをテストするときに使うエリア

❶【ナビゲータエリア】作業ファイルの選択をするエリア

編集するファイルを選択するのに使います。
ここでファイルを選択すると、画面中央のエディターエリアに表示されて、編集することができます。

❷【ツールバー】画面を切り換えたり、アプリの実行をするエリア

作ったアプリを実行したり、アシスタントエディターに切り換えるのに使います。

ツールバー

[Run（実行）] ボタン	プログラムをビルドして、アプリを実行します。ビルドとは、コンピュータが実行できるファイルを作成することです。アプリができたら、このボタンを押すだけで試すことができます。
[Stop（停止）] ボタン	実行したアプリを停止します。
[Scheme（スキーム）] メニュー	テストをする iOS シミュレータの種類や実機を選択します。
[Standard Editor（スタンダードエディター）] ボタン	通常のエディターです。1画面で表示します。
[Assistant Editor（アシスタントエディター）] ボタン	2画面を表示して、連携させながら行うエディターです。
[Version Editor（バージョンエディター）] ボタン	2画面を表示して、古いバージョンのファイルと比較を行います。最初のうちは使いません。
[Navigator（ナビゲータ）] ボタン	左側のナビゲータの表示／非表示を切り換えます。
[Debug（デバッグ）] ボタン	下側のデバッグエリアの表示／非表示を切り換えます。
[Utility（ユーティリティ）] ボタン	右側のユーティリティの表示／非表示を切り換えます。

❸【エディターエリア】画面を作ったり、プログラムを書くエリア

ここがアプリ作りのメインエリアです。

[ナビゲータエリア] で選択されたファイルの中身を表示します。画面を作ったり、プログラムを書いたりします。選択したファイルの種類によって、エディターの種類が変わります。

<プロジェクト名>	プロジェクト設定画面
storyboard ファイル	Interface Builder（Chapter 2-3 で解説します）
swift ファイル	ソースエディター（Chapter 2-5 で解説します）
.xcassets	アセットカタログ
plist ファイル	プロパティリスト

❹【ユーティリティエリア】画面を作るときに使うエリア

画面に追加する部品を選んだり、部品の設定を行います。

ユーティリティエリアは、上下2つのエリアでできていて、上が［インスペクタペイン］、下が［ライブラリペイン］です。

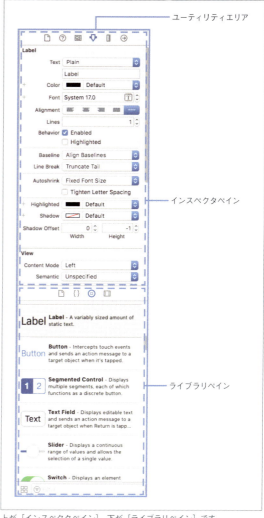

上が［インスペクタペイン］、下が［ライブラリペイン］です。

［インスペクタペイン］は、エディターに表示されている内容の詳細設定を行います。
エリアの上部の［選択バー］で表示する内容を切り換えることができます。

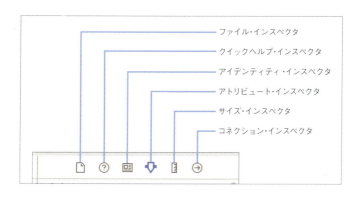

インスペクタペインの画面一覧

ファイル・インスペクタ	選択したファイル情報の確認・設定ができます。
クイックヘルプ・インスペクタ	選択したオブジェクトの簡単なヘルプを表示します。
アイデンティティ・インスペクタ	選択したオブジェクトのクラス情報の確認・設定ができます。部品のクラス名を設定するのに使います。
アトリビュート・インスペクタ	選択したオブジェクト情報の確認・設定ができます。色や文字や文字サイズなど、見た目の設定に使います。
サイズ・インスペクタ	選択したオブジェクトの位置や大きさの確認・設定ができます。
コネクション・インスペクタ	選択したオブジェクトとプログラムの接続状態の確認・設定ができます。

[ライブラリペイン] は、主にエディターエリアでインターフェイスビルダーを表示しているときに、ここから部品をドラッグして配置するのに使います。エリアの上部の [選択バー] で表示する内容を切り換えることができます。

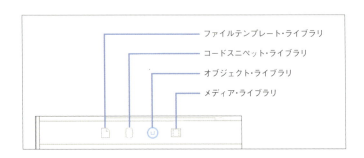

ライブラリペインの画面一覧

ファイルテンプレート・ライブラリ	ファイルテンプレートのライブラリです。最初のうちは使いません。
コードスニペット・ライブラリ	プログラムの定型文のライブラリです。ソースエディターにドラッグ＆ドロップして、プログラムを追加することができます。自分で登録することもできます。最初のうちは使いません。
オブジェクト・ライブラリ	画面に配置する部品（ラベルやボタンなど）のライブラリです。
メディア・ライブラリ	プロジェクト内の画像などの一覧が表示されます。最初のうちは使いません。

❺【デバッグエリア】アプリをテストするときに使うエリア

デバッグ時に情報を表示します。

5つのエリアで一番最初に操作するのが、左側のナビゲータエリアです。ここでファイルを選択して、中央のエディターエリアで編集していきます。

Chapter 2-3

画面を作ろう：
Interface Builder

ここでやること
- ライブラリから部品を並べて画面を作る。
- AutoLayoutの設定をする。

実習　インターフェイスビルダーで画面をデザインする

それでは、アプリの画面を作りましょう。画面作りは、［インターフェイスビルダー（Interface Builder）］という画面編集用のエディターを使います。ナビゲータエリアに［Main.storyboard］というファイルがありますが、これがアプリの画面を作るファイルです。これを選択すると、エディターエリアが［インターフェイスビルダー］に切り替わります。

右下の［ライブラリペイン］から［インターフェイスビルダー］上のアプリの画面へ、部品をドラッグ＆ドロップして画面を作っていきます。配置した部品の調整や設定を行いたいときは、ユーティリティエリアの［インスペクタ］を操作します。

5 インターフェイスビルダーに切り換える

プロジェクトが作成されるとXcodeの画面が表示されます。左側にあるファイル一覧から［Main.storyboard］をクリックして選択します。

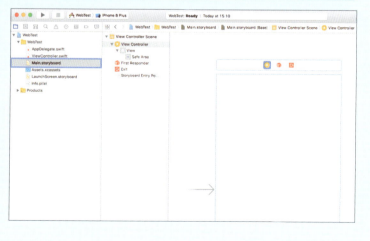

6 ライブラリからWebKit Viewをドラッグする

ライブラリペインをスクロールして[WebKit View]を見つけてください。これを四角い枠の中へドラッグ&ドロップして配置します。ドラッグ中に表示されるガイドラインを基準にすると配置しやすくなります。左上に配置しましょう。

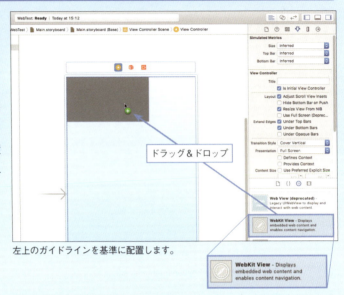

左上のガイドラインを基準に配置します。

7 WebKit Viewの大きさを変更する

配置したWebKit Viewの右下をドラッグして大きさを変更します。画面いっぱいに変更しましょう。

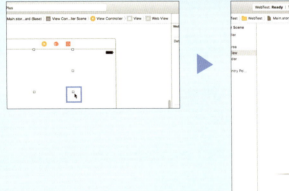
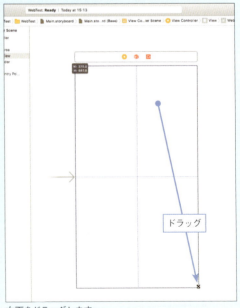

右下をドラッグします。

026　Chapter 2　はじめてのアプリ作り：Xcodeの使い方

COLUMN

Storyboardの「→」ってなに？

「→」は、このStoryboardで一番最初に表示される画面を表しています。
画面が複数ある場合は、この矢印をドラッグして、最初に表示する画面を変更することもできます。

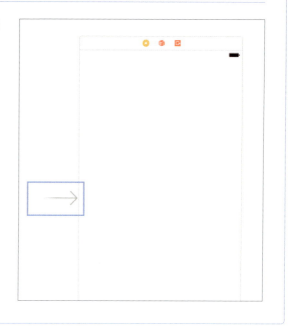

実習 AutoLayoutの設定

iPhoneには、iPhone 8 Plusのように大きい画面の機種や、iPhone SEのように小さい画面の機種など、いろいろなサイズの画面があります。

あるiPhoneのサイズを基準にして部品をレイアウトした場合、サイズが違うiPhoneで見ると部品がはみ出したり、隙間が空いたりすることになります。

インターフェイスビルダーの下にある［View as: iPhone 8］ボタンは、iPhone 8の画面サイズだということを表しています。クリックすると違うサイズのボタンが現れて切り換えることができます。

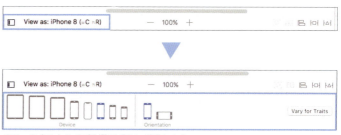

クリックするとサイズを選ぶボタンが現れます。

027

違う画面サイズに切り換えてレイアウトを確認してみましょう。

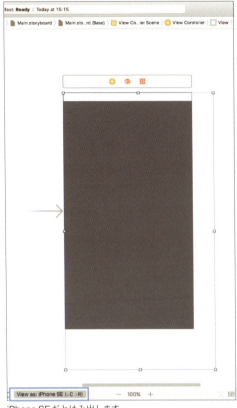
iPhone SEだとはみ出します。

iPhone 8 Plusだと隙間が空きます。

このように画面サイズが変わっても、はみ出したり、隙間が空いたりしないようにするには、[AutoLayout]を使います。AutoLayoutは、「画面の比率やサイズが変わっても自動的にレイアウトを変えてくれる機能」なのです。

[AutoLayout]の設定は、インターフェイスビルダーの右下に並んでいる5つのボタンで行います。（AutoLayoutについての詳しい解説はChapter 3で行います。）

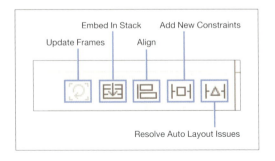

8 AutoLayoutの自動設定をする

今回のアプリは、画面いっぱいに表示させるだけの単純なレイアウトなので、Xcodeに自動設定を行ってもらいましょう。
「Reset to Suggested Constraints」を選択すると、Xcodeが適切と考える設定を自動的に追加する機能です。
画面をクリックしてから、インターフェイスビルダーの右下に並んでいる5つのボタンの一番右をクリックするとメニューが表示されます。下から2つ目の「Reset to Suggested Constraints」を選択しましょう。

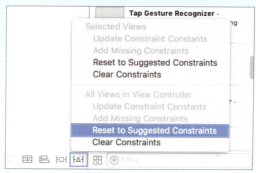

[Reset to Suggested Constraints]を選択します。

これで、違う画面サイズでも問題ないようなレイアウト設定が行われました。違う画面サイズに切り換えてレイアウトを確認してみましょう。

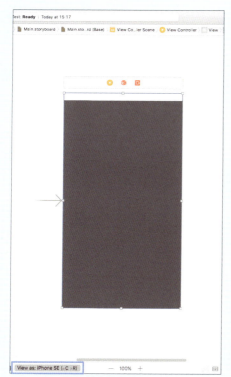

iPhone SEでもはみ出さなくなりました。

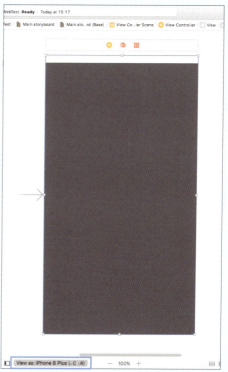

iPhone 8 Plusだと隙間が空かなくなりました。

9 Runボタンを押して確認する

それでは、ここまで作ったものを確認してみましょう。[Run] ボタンをクリックして、実行です。

[Run] ボタンをクリックします。

確認

真っ白い画面が表示されましたか？まだ、サイトの表示を命令していないので真っ白のままなのです。

確認が終わったら [Stop] ボタンをクリックして、停止しましょう。

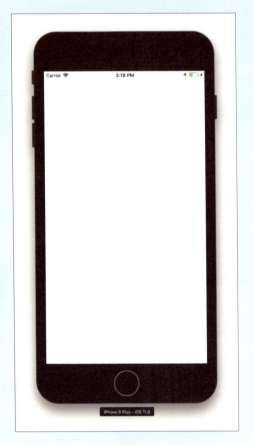

Chapter 2-4
部品とプログラムをつなごう：Assistant Editor

ここでやること
● アシスタントエディターで、部品に名前をつける。

実習 並べた部品とプログラムを線でつなぐ

画面に配置されただけの部品は、まだプログラムとつながっていないので動きません。
「画面に配置された部品とプログラムがつながってはじめて、プログラムでコントロールすることができる」のです。
[並べた部品] と [プログラム] をつなぐ設定を行うのが、[アシスタントエディター] です。
左側に [アプリの画面] を表示し、右側に [プログラム] を表示して並べ、「部品からプログラムへ、線をのばしてつないでいく」のです。

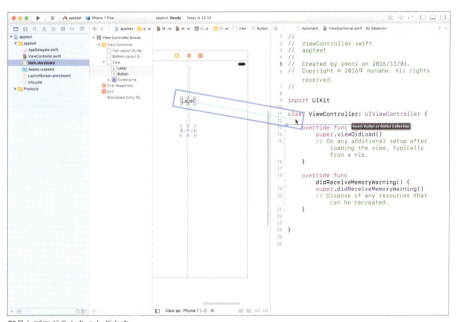

部品とプログラムをつなぎます。

このときのつなぎ方には「2種類のつなぎ方」があります。

IBOutlet接続：部品に名前をつける

1つ目は、「部品に名前をつけるつなぎ方」です。

部品に名前をつけることで、プログラムから部品の値を調べたり、逆に部品の値を書き換えて表示を変えたりするのに使います。このつなぎ方を「IBOutlet接続」といいます。

IBAction接続：部品と仕事をつなぐ

2つ目は、「部品に仕事の名前をつけるつなぎ方」です。

ユーザーがボタンを押したり、スイッチを切り換えたときなど、部品を操作したときに実行する仕事（メソッド）を決めておくのです。このつなぎ方を「IBAction接続」といいます。

はてな？

IBってなに？
IBOutlet、IBActionの「IB」はInterface Builderの略で、Interface Builder（インターフェイスビルダー）で配置した部品とプログラムを連携させるためのしくみのことです。

はてな？

Outletってなに？
アウトレット（Outlet）と言っても「安いワケあり商品」という意味ではなく、アメリカ英語の「コンセント（接続口）」の意味です。インターフェイスビルダーの中で線をひっぱって接続する「プログラムの接続口」ということです。

それでは、部品とプログラムをつないでみましょう。今回は、プログラム側から命令するだけなので、IBOutlet接続を行います。

10 アシスタントエディターに切り換える

ツールバーの［アシスタントエディター］ボタンを押すと、エディターエリアがアシスタントエディターのモードに変わります。左にインターフェイスビルダーが、右にプログラムのソースエディターが表示されます。ソースエディターには、プログラムファイル［ViewController.swift］が表示されています。

［アシスタントエディター］ボタン

インターフェイスビルダー　　ソースエディター

画面が窮屈なので［Utility（ユーティリティ）］ボタンをクリックして、ユーティリティエリアを消しましょう。

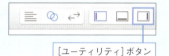

［ユーティリティ］ボタン

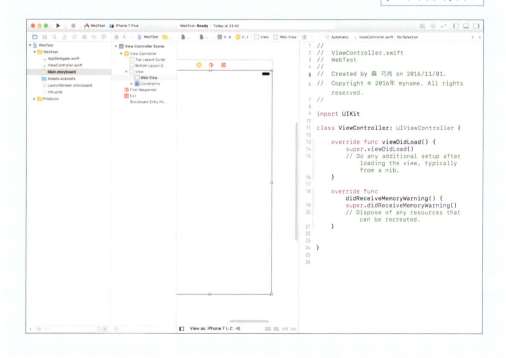

033

11 WebKit Viewをプログラムに接続する

WebKit Viewを右クリック（control + クリック）してドラッグすると線が伸びます。この線を、右のソースビューに表示された［ViewController.swift］まで引っ張ってドロップします。

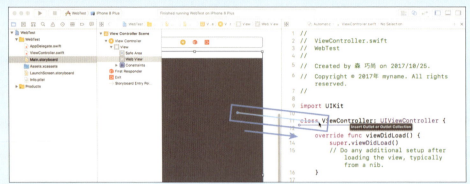

ドラッグ中の様子

12 WebKit Viewに名前をつける

すると接続のパネルが現れるので、［Name］にラベルの名前を入力します。
ここでは［myWebView］と入力して［Connect］ボタンをクリックします。

このWeb Viewに、myWebViewと名前をつけます。

ViewController.swiftを見てみましょう。
名前が追加されたことが確認できます。（！マークが表示されますが、このあとプログラムを書けば、！マーク表示は消えます。）

Chapter 2-5

プログラムを書こう：
Source Editor

ここでやること
- ソースエディターで、プログラムを書く。

実習 Swiftプログラムを書く

最後に、アプリを動かすプログラムを書いていきましょう。

プログラムはプログラムファイル［ViewController.swift］に記述します。ナビゲータエリアから選択しましょう。選択すると、エディターエリアが［ソースエディター］に変わりプログラムの入力や編集をすることができるのです。

それでは、プログラムを入力していきましょう。

13 スタンダードエディターに切り換える

ツールバーの［スタンダードエディター］ボタンを押すと、エディターエリアがスタンダードエディターのモードに変わります。

［スタンダードエディター］ボタン

14 ソースエディターに切り換える

ナビゲータエリアで［ViewController.swift］ファイルを選択すると、エディターエリアがソースエディターに変わります。

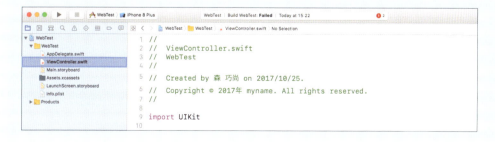

15 プログラムを入力する

プログラムを入力しましょう。WebKitViewを使うので、まず「import WebKit」と追加します。さらに「アプリが表示されるとき」に実行されるのが「viewDidLoad()」なので、この場所にプログラムを追加します。「AppleのWebページのURLを作って、ウェブビューに表示するよう命令する」のです。以下の場所に、2行のプログラムを追加してください。

```
 8
 9  import UIKit
10  import WebKit
11
12  class ViewController: UIViewController {
◉       @IBOutlet weak var myWebView: WKWebView!
14
15      override func viewDidLoad() {
16          super.viewDidLoad()
17          // Do any additional setup after loading the view, typically from a
18          let appleSite = URL(string: "https://www.apple.com/jp/")!
19          myWebView.load(URLRequest(url: appleSite))
20      }
```

importを1行追加。viewDidLoad()に2行追加。

はてな？

ソースコードってなに？

人間が読み書きできるプログラムのテキストファイルのことを、ソースコードと呼びます。

「ソース」とは、とんかつとかお好み焼きにかける液体のことではなく、「元となる」という意味です。ネットで流れている情報で「ソースはどこ？」という使われ方もしています。この場合は「元の情報はどこ？」という意味ですね。

「コード」とは、プログラムのことです。ソースコードとは人間が読み書きできる状態の「元となるテキスト形式のプログラム」という意味です。これをコンピュータが読める形式の「バイナリコード（2進数化したプログラム）」に変換（ビルド）することで実行させることができるようになります。

プログラムには、人間が読み書きできる状態の「ソースコード」と、コンピュータが実行できる状態の「バイナリコード」の2種類があるのですね。

プログラム入力時は、アシスト機能が働く

ソースエディターには「コード補完機能」と「Fix-it機能」という、プログラムを書くとき用のアシスト機能がついています。

「コード補完機能」は、入力するプログラムを予測してくれる機能です。日本語入力ソフトの予測変換機能のようなものです。プログラムを入力していると「これから入力すると思われる命令文」を予測して、候補として表示してくれます。

「Fix-it機能」は、構文チェック機能です。これもプログラムを入力するときの機能で、入力中にエラーを見つけると教えてくれる機能です。

これらの機能はごく自然に使えるようになっています。

036 **Chapter 2**　はじめてのアプリ作り：Xcodeの使い方

Chapter 2-6

テストしよう：Simulator

ここでやること
● シミュレータ上で実行してテストする。

実習 Simulatorでテスト

完成したアプリを実行させて、テストしましょう。

テストの方法は簡単。左上の［Run］ボタンを押すだけです。しばらくすると、iPhoneシミュレータが起動し、アプリファイルが作られてiPhoneシミュレータの上でアプリが動きます。

16 Runボタンを押して動作確認

画面左上にある［Run］ボタンをクリックします。
Simulatorが起動し、アプリが実行されます。

［Run］ボタンをクリックします。

確認

AppleのWebページが表示されるか確認しましょう。
いかがでしたか？
これでアプリは完成です！

AppleのWebページが表示されました。

※このアプリを修正して他のページを表示させようとすると、httpsで始まるページは表示できますが、httpで始まるページは表示することができません。

17 シミュレータを停止

最後にシミュレータを停止しましょう。[Run] ボタンの右にある [Stop] ボタンをクリックします。

[Stop]ボタン

iPhoneの種類を切り換えて実行する方法

[Run] ボタンを押して起動したシミュレータは、iPhone 8のシミュレータでしたが、シミュレータの種類を変更することもできます。[Scheme（スキーム）メニュー] をクリックするとiPhoneの一覧が表示されます。選択して [Run] ボタンをクリックすると、選択したiPhoneのシミュレータで試すことができます。

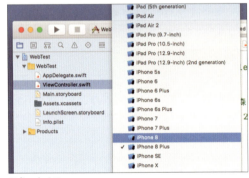

スキームメニュー

Simulatorの基本操作

Simulatorは、Xcodeと連動して起動しますが、Xcodeとは別の独立したアプリケーションです。Simulatorの基本的な操作を覚えましょう。

Simulatorの終了

Xcodeを終了しても、Simulatorは独立したアプリケーションなので動作し続けたままになります。
Simulatorを終了させたいときは、[Simulator] メニューから [Quit Simulator] を選択します。

[Simulator] メニュー

Simulatorの起動

Xcodeの［Run］ボタンで実行させるのではなく、Simulatorを単独で起動させることもできます。

● Xcodeを起動した状態で、Xcodeのメニューから［Xcode］＞［Open Developer Tool］＞［Simulator］を選択します。

［Xcode］メニュー

ジェスチャでの操作方法

Simulatorの操作は、iPhoneと同じようにアプリの画面上をタップしたり、フリックしたりして操作します。ただし、iPhoneでは指を使って操作をしますが、Simulatorではマウスで操作をします。基本的には同じように使えますが、2本指で操作をするジェスチャや、iPhoneそのものを回転させる操作などに違いがあります。

タップ：クリックします。

タッチアンドホールド：マウスボタンを長押しします。

ダブルタップ：ダブルクリックします。

スワイプ：ドラッグします。

フリック：素早くドラッグします。

ピンチ：［option］キーを押しながらドラッグします。［option］キーを押すと画面に2つの○が表示されます。このままドラッグして、広げるとピンチアウト、狭めるとピンチインになります。［option］キーを押しながら［shift］キーを押すと、2つの○の位置を移動できます。ピンチしたい位置に来たら、［shift］キーを放してドラッグします。

回転：［option］キーを押しながらドラッグして回転します。［option］キーを押すと画面に2つの○が表示されます。このままドラッグして2つの○を回転させると回転のジェスチャーになります。

2本指ドラッグ：［option］キーと［shift］キーを押したままドラッグします。［option］キーと［shift］キーを押すと2つの○が並んで移動します。ドラッグしたい位置にきたらそのままドラッグします。

iPhone（デバイス）の回転：メニューから［Hardware］＞［Rotate Left］または、［Hardware］＞［Rotate Right］を選択すると、デバイスが90度横に回転します。

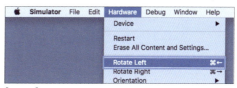

［Xcode］メニュー

ホームボタン：メニューから［Hardware］＞［Home］を選択します。

［Home］

シェイクジェスチャ：メニューから［Hardware］＞［Shake Gesture］を選択すると、iPhoneを振るジェスチャをシミュレートします。例えば、文字を入力したあとで選択すると文字入力のやり直しになり、やり直すかどうかのダイアログが表示されます。

キーボードからの入力：文字を入力するときは、Simulator上にキーボードが表示されるので、そのキーボードをクリックして入力します。長い文章を入力したいときは、メニューから［Hardware］＞［Keyboard］＞［Connect Hardware Keyboard］を選択すると、Macのキーボードを使って入力できるようになります。

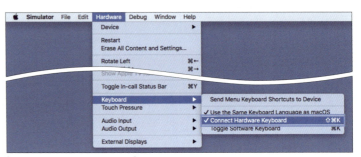

［Connect Hardware Keyboard］

スクリーンショット：メニューから［File］＞［New Screen Shot］を選択すると、Macのデスクトップ上にスクリーンショット画像が保存されます。メニューから［Edit］＞［Copy Screen］を選択すると、Macのクリップボード上にコピーされます。

［New Screen Shot］

> **TIPS**
> **Simulatorでシミュレートできないこと**
> Simulatorでは加速度センサー、ジャイロスコープ、カメラ、マイクなどは、シミュレートできません。これらの機能は、実機のiPhoneを使ってテストする必要があります。

Chapter 3

アプリの画面を作る：
Storyboard、
AutoLayout

この章でやること

- 画面の作り方と、AutoLayout を理解しましょう。
- AutoLayout で画面に固定したり、揃えたり、等間隔で並べる方法を体験します。

Chapter 3-1

画面の作り方

画面作りは、部品を並べて、整えて、AutoLayout

アプリの画面は、[インターフェイスビルダー]で作ります。Chapter 2では、画面いっぱいに部品を1つ配置しただけの簡単な画面作りでしたが、この章ではもう少し詳しく見ていきましょう。
アプリの画面作りは、主に3つの手順で行います。

❶ 部品を並べる（ライブラリからドラッグ＆ドロップ）
❷ 部品を整える（アトリビュート・インスペクタで設定）
❸ AutoLayout を設定する

❶部品を並べる

[ナビゲータエリア]の[Main.storyboard]ファイルを選択すると、エディター部分がインターフェイスビルダーに切り替わります。

右下の[ライブラリペイン]にはたくさん部品が並んでいます。ここから部品をドラッグ＆ドロップして画面を作っていきます。選んで並べるだけなので簡単ですね（部品についての詳しい解説はChapter 5で行います）。

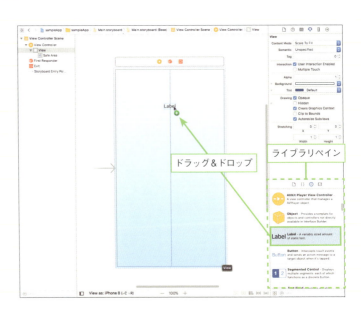

❷表示を整える

配置した部品は、右上の[アトリビュート・インスペクタ]を使って、色や文字の大きさなど「どんな風に見せるか」を修正することができます。

どんな変更ができるかは、部品によっていろいろ変わります(部品についての詳しい解説はChapter 5で行います)。

❸AutoLayoutを設定する

画面デザインが決まったら、違うサイズの画面のiPhoneでも問題なく表示できるようにAutoLayoutの設定を行います。

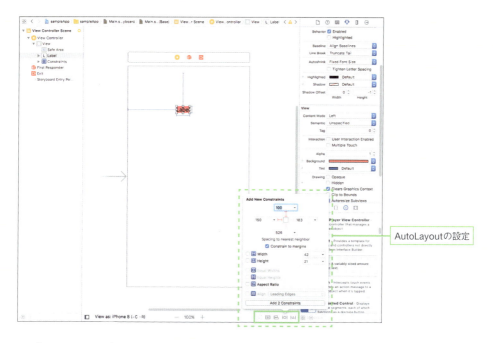

アプリの画面は、部品を並べて、整えて、AutoLayoutすることで作っていくのです。

Chapter 3-2

AutoLayoutってなに？

ここでやること
- プロジェクトを作って、AutoLayout機能を試す。
- AutoLayoutを設定しないとズレることを試す。

変えたくないところはどこか？

iPhoneにはいろいろなデバイスがあります。画面のサイズが違ったり、縦横の比率が違うものもあります。どれか1つのiPhoneのサイズを基準にして部品をレイアウトすると、サイズが違うiPhoneで見ると部品がはみ出したり、隙間が空いたりすることが起こります。

このような問題を解決するのが［AutoLayout］です。「変えたくないところはどこか？」を決めて問題を解決する機能です。どのようになるのか、プロジェクトを作りながら試してみましょう。

実習 AutoLayoutを試してみよう

1 テンプレートを選ぶ

新規プロジェクトを作りましょう。「Choose a template for your new project」ダイアログで［Single View App］を選択して、［Next］ボタンをクリックします。

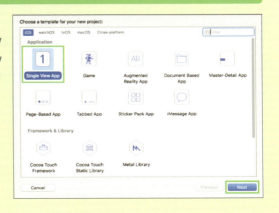

044　Chapter 3　アプリの画面を作る：Storyboard、AutoLayout

2　プロジェクトの初期設定をする

「Choose options for your new project」ダイアログで、プロジェクトの基本情報を以下のように入力して、[Next] ボタンをクリックします。

- Product Name：AutoLayoutTest
- Team：None
- Organization Name：myname
- Organization Identifier：com.myname
- Language：Swift
- Use Core Data：オフ
- Include Unit Tests：オフ
- Include UI Tests：オフ

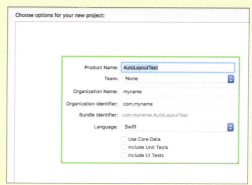

保存先を決めて [Create] をクリックします。

3　インターフェイスビルダーに切り換える

[ナビゲータエリア] で [Main.storyboard] ファイルを選択します。

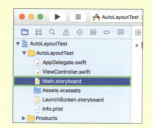

4　ライブラリからラベルをドラッグ＆ドロップする

[ライブラリペイン] をスクロールして [Label（ラベル）] を見つけてください。これを画面中の四角い枠の右下へドラッグ＆ドロップして配置します。

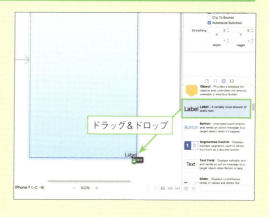

045

5 ラベルの背景色を設定する

ラベルの位置がわかりやすいように背景色をつけましょう。[アトリビュート・インスペクタ]の[Background]をクリックして、背景色を選びます。

6 画面サイズを変えて確認する

画面のサイズを変えて、ラベルがどのように表示されるか確認してみましょう。

インターフェイスビルダーの下にある[View as: iPhone 8]ボタンをクリックして、[iPhone SE]を選択します。画面からラベルがはみ出して消えてしまいました。

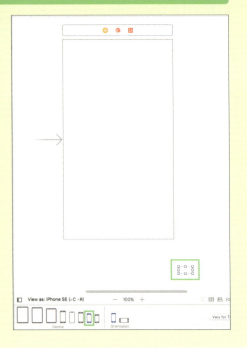

今度は、[iPhone 8 Plus] を選択してみます。ラベルが画面の右下から少し隙間が空いてしまいました。

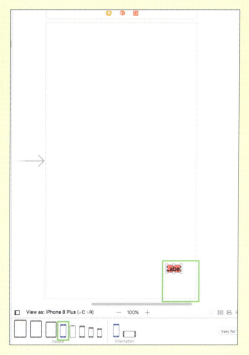

[iPhone 8] を選択すると、ちょうど右下に表示されます。

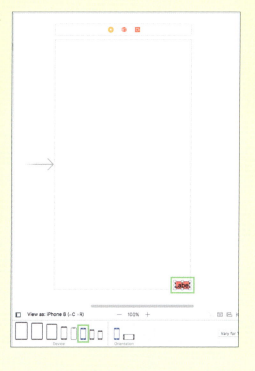

このように、iPhoneのデバイスが変わると画面のサイズや縦横の比率などが変わるので、レイアウトにずれがでてきてしまいます。

この問題を解決するのが［AutoLayout］です。

［AutoLayout］は、「画面の比率やサイズが変わっても、自動的にレイアウトを変えて対応してくれる機能」なのです。

画面解像度や比率が変わってしまうと、どうしても全く同じレイアウトで表示することはできません。

そこでAutoLayoutでは、変わってしまう部分はあるとしても「どうしても変えたくないところはどこか？」に注目して、そこが変わらないようにレイアウトします。

もし「部品を画面の右下に表示したい」ときは、「右からの距離」と「下からの距離」が変えたくないところなのでこれを固定します。すると画面サイズがどう変わっても、部品は必ず画面の右下に表示されるようになります。

［AutoLayout］では、この「変えたくないところ」のことを「制約（Constraint）」と呼んでいます。部品に「制約（変えたくないところ）」を設定していくことで、違うサイズの画面のiPhoneでも問題なく表示できるようになるのです。

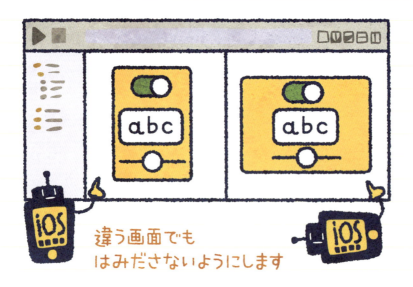

Chapter 3-3

AutoLayout：
Add New Constraintsで固定

ここでやること
- 部品を右下に固定する。
- 部品を画面いっぱいに固定する。

AutoLayoutボタン

［AutoLayout］の設定は、インターフェイスビルダーの右下に並んでいる5つのボタンから行います。

❶ **Update Frames** ：表示の更新
❷ **Embed In Stack** ：部品をスタックに埋め込む
❸ **Align** ：揃える制約の追加
❹ **Add New Constraints** ：新しい制約の追加
❺ **Resolve Auto Layout Issues** ：いろいろな問題に対処

固定したいときは、［Add New Constraints］

部品の位置や大きさを固定したいときは、［Add New Constraints（新しい制約の追加）］を使います。［インターフェイスビルダー］の下にある［Add New Constraints］ボタンを押すと［Add New Constraints］ダイアログが表示されます。

049

四角形の周囲にある4つの数値は、「上下左右それぞれの方向からの距離」を表しています。赤い点線の状態は無効の状態で、数値を変えたり赤い点線をクリックすると赤い実線になって有効になり「その方向からの距離が固定」になります。
[Constrain to margins]は、画面の周囲に余白をつけることを表していて、チェックを外すと画面の周囲に余白なしにレイアウトすることができます。
[Width]と[Height]は「部品の幅と高さ」を表しています。チェックすると「幅や高さを固定」することができます。

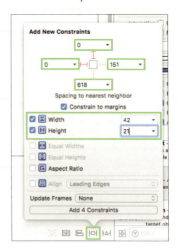

コツは「4ヶ所を固定すること」

固定するところは、横方向には「右からの距離」「左からの距離」「幅」の3ヶ所、縦方向も「上からの距離」「下からの距離」「高さ」の3ヶ所があります。
「部品の位置と大きさ」をうまく固定するコツは、このうちの「2ヶ所を固定すること」です。
1つだけだとうまく固定されません。例えば「右からの距離」だけを固定すると、部品の幅をどうすればいいかがわからなくなります。逆に3つとも固定してまうと、サイズが変わったとき矛盾が起きてしまいます。「部品を固定したいとき」は、「縦横それぞれ2ヶ所ずつ（合計4ヶ所）を固定」しましょう。どの2つを固定するかは、「どんな固定方法にするか」によって変わります。

画面の角に固定の大きさで表示したいとき

「画面の角を基準に固定の大きさで表示したいとき」は、「角からの2ヶ所の距離」と、「幅と高さの2ヶ所」を固定します。
例えば、「右下から固定の大きさで表示したいとき」は、「右からの距離」「下からの距離」「幅」「高さ」の4ヶ所を固定します。

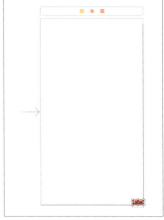

画面上端に、幅に合わせて伸び縮みさせて表示したいとき

「画面上端に、幅に合わせて伸び縮みして表示させたいとき」は、「右からの距離」「左からの距離」「上からの距離」「高さ」の4ヶ所を固定します。

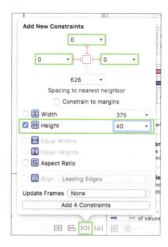
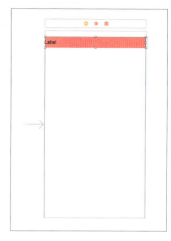

画面左端に、高さに合わせて伸び縮みさせて表示したいとき

「画面左端に、高さに合わせて伸び縮みして表示させたいとき」は、「左からの距離」「上からの距離」「下からの距離」「幅」の4ヶ所を固定します。

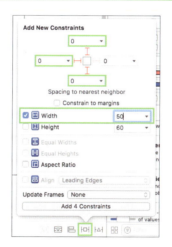
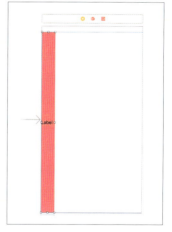

画面いっぱいに、伸び縮みさせて表示したいとき

「画面いっぱいに、伸び縮みして表示させたいとき」は、「右からの距離」「左からの距離」「上からの距離」「下からの距離」の4ヶ所を固定します。

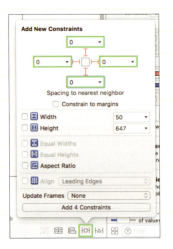 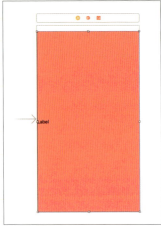

いろいろな問題の対処は、Resolve Auto Layout Issues

複数の部品を並べてAutoLayoutすると、設定が重なっておかしくなったりすることが出てきます。このようなときの問題の対処には［Resolve Auto Layout Issues］を使います。

［インターフェイスビルダー］の下にある［Resolve Auto Layout Issues］ボタンを押すと［Resolve Auto Layout Issues］メニューが表示されます。

上下に同じ命令が並んでいます。上が「選択した部品だけに実行する命令」で、下が「画面上の全ての部品に実行する命令」です。

制約を削除したいとき

「制約を削除したいとき」は、［Clear Constraints］をクリックします。

Xcodeが適切と考える設定を自動的に追加してもらいたいとき

「Xcodeが適切と考える設定を自動的に追加してもらいたいとき」は、[Reset to Suggested Constraints]をクリックします。画面のレイアウトは多少思っているのと違ってもいいので、とにかく警告が出ないようにしたいときなどに便利です。

見た目に合わせて制約をつけ直したいとき

「制約を追加したら、見た目とズレが生じているので、見た目に合わせて制約をつけ直したいとき」には、[Update Constraint Constants]をクリックします。表示に合わせて制約をつけ直してくれます。これを使うことは少ないかもしれません。

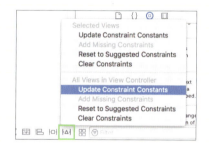

表示を更新したいとき

逆に「制約を追加したら、見た目とズレが生じているので、表示を更新したいとき」は、よくあるのでボタンになっています。5つ並んだボタンの左端の[Update Frames]ボタンをクリックします。

それでは、さきほど作った画面に設定して試してみましょう。

実習 部品を右下に固定してみる

P.046の❻で置いたラベルを画面の右下に固定してみましょう。

7 Add New Constraintsで右下を固定する

画面の右下から0,0の位置に幅100、高さ30に固定してみます。

❶ [Add New Constraints] ボタンをクリックしてダイアログを開きます。
❷ [Constrain to margins] のチェックをはずします。
❸ 「右からの距離」「下からの距離」に0を入力します。
❹ [Width] に100、[Height] に30を入力します。
❺ [Add 4 Constraints] ボタンをクリックします。

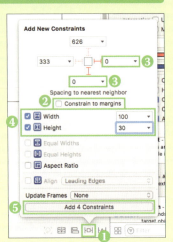

8 画面を更新する

下に5つ並んだボタンの左端の [Update Frames] ボタンをクリックします。（ボタンが灰色になっているときは、すでに更新済みなのでクリックしなくても大丈夫です。）

9 画面サイズを変えて確認する

画面のサイズを変えて、ラベルが右下に表示されるか確認してみましょう。インターフェイスビルダーの下にある [View as: iPhone 8] ボタンをクリックして、[iPhone SE] を選択します。

画面の右下に表示されたままですね。今度は、[iPhone 8 Plus] を選択してみます。やはり画面の右下に表示されたままですね。
最後に [iPhone 8] を選択して戻しておきます。

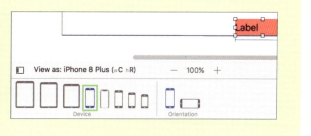

実習 部品を画面いっぱいに固定してみる

今度は、このラベルを画面いっぱいに固定してみましょう。

10 制約を削除する

一度制約を削除します。
❶ [Resolve Auto Layout Issues] ボタンをクリックしてダイアログを開きます。
❷ [Clear Constraints] をクリックします。

11 Add New Constraintsで上下左右を固定する

画面の上下左右から0の距離に固定してみます。

❶ [Add New Constraints] ボタンをクリックしてダイアログを開きます。
❷ [Constrain to margins] のチェックをはずします。
❸ 「右からの距離」「上からの距離」「左からの距離」「下からの距離」に0を入力します。
❹ [Add 4 Constraints] ボタンをクリックします。

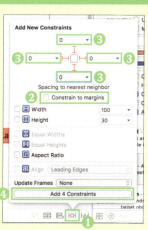

055

12 画面を更新する

下に5つ並んだボタンの左端の［Update Frames］ボタンをクリックします。すると、ラベルが画面いっぱいに広がります。（ボタンが灰色になっているときは、すでに更新済みなのでクリックしなくても大丈夫です。）

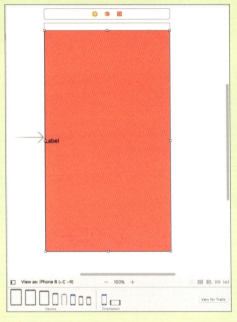

13 画面サイズを変えて確認する

画面のサイズを変えても、ラベルが画面いっぱいに表示されるか確認してみましょう。
インターフェイスビルダーの下にある［View as: iPhone 8］ボタンをクリックして、［iPhone SE］を選択します。

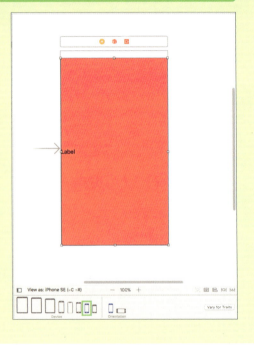

画面いっぱいに表示されますね。今度は、
[iPhone 8 Plus] を選択してみます。

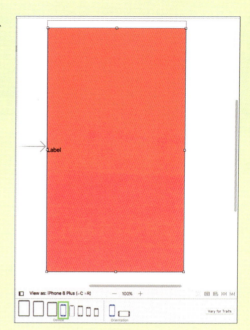

やはり画面いっぱいに表示されますね。
[iPhone 8] を選択して戻しておきます。

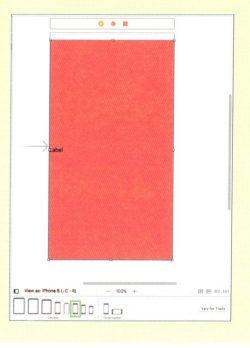

Chapter 3-4

AutoLayout：Alignで揃える

ここでやること
● 部品を中央に揃える。

揃えたいときは、[Align]

部品の位置を揃えて表示したいときは、[Align（整列）] を使います。
[インターフェイスビルダー] の下にある [Align] ボタンを押すと [Add New Alignment Constraints] ダイアログが表示されます。

[Align] ボタン

画面中央に揃えて表示したいとき

「画面中央に揃えて表示したいとき」は、「水平方向の中央」と「垂直方向の中央」の2ヶ所を固定します。
これだと大きさが決まらないので、さらに [Add New Constraints] で「幅」と「高さ」の2ヶ所を固定します。

さきほど作った画面に、さらに設定して試してみましょう。
P.056の13で置いたラベルを画面中央に揃えてみます。

058　Chapter 3　アプリの画面を作る：Storyboard、AutoLayout

実習 部品を画面中央に揃える

14 制約を削除する

一度制約を削除します。

❶ [Resolve Auto Layout Issues] ボタンをクリックしてダイアログを開きます。
❷ [Clear Constraints] をクリックします。

15 Alignで中央にそろえる

画面の中央に揃える制約を追加します。

❶ [Align] ボタンをクリックしてダイアログを開きます。
❷ [Horizontally in Container] にチェックを入れます。
❸ [Vertically in Container] にチェックを入れます。
❹ [Add 2 Constraints] ボタンをクリックします。

16 Add New Constraintsで大きさを固定する

ラベルの大きさを幅150、高さ60に固定してみます。

❶ [Add New Constraints] ボタンをクリックしてダイアログを開きます。
❷ [Width] に150、[Height] に60を入力します。
❸ [Add 2 Constraints] ボタンをクリックします。

059

17 画面を更新する

下に5つ並んだボタンの左端の［Update Frames］ボタンをクリックします。すると、ラベルが幅150、高さ60で画面中央に表示されます。（ボタンが灰色になっているときは、すでに更新済みなのでクリックしなくても大丈夫です。）

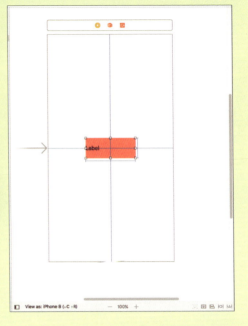

18 画面サイズを変えて確認する

画面のサイズを変えて、ラベルが画面中央に表示されるか確認してみましょう。

インターフェイスビルダーの下にある［View as: iPhone 8］ボタンをクリックして、［iPhone SE］を選択します。画面中央に表示されますね。

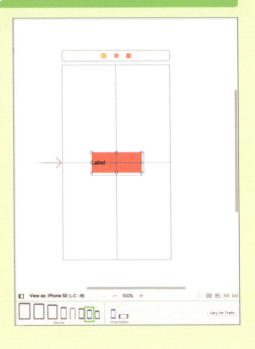

060　Chapter 3　アプリの画面を作る：Storyboard、AutoLayout

今度は、[横向き]を選択してみます。やはり画面中央に表示されますね。

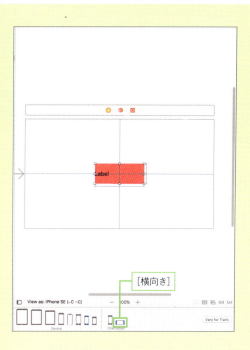

[iPhone 8][縦向き]を選択して、戻しておきます。

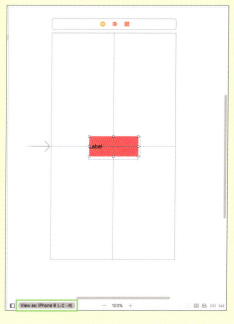

Chapter 3-5

AutoLayout：
Stack Viewで並べる

ここでやること
● 画面の下端にボタンを3つ並べる。

部品を並べたいときは、Stack View

複数の部品を並べたいときは、これまでの制約だけで設定すると難しいことがあります。そのような場合は、［Stack View］を使います。

［Stack View］は、［ライブラリペイン］の中にある部品で、［Horizontal Stack View］と［Vertical Stack View］の2種類があります。水平方向に並べるか、垂直方向に並べるかの違いだけで、どちらもこの中に複数の部品を入れて並べることができる部品です。

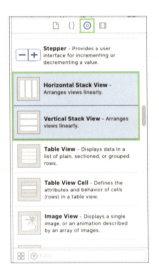

ですが、これと同じことを［インターフェイスビルダー］の下にある［Embed In Stack］ボタンを押すことでも作れます。

さきほど作った画面に、さらに設定して試してみましょう。

062　Chapter 3　アプリの画面を作る：Storyboard、AutoLayout

実習 ボタンを3つ、画面の下に等幅で並べる

ボタンを3つ、画面の下に等幅に並べてみましょう。

19 ラベルを削除する

まず先ほど使っていたラベルは削除してしまいましょう。ラベルを選択して、メニューから [Edit] > [Cut] を選択します。部品を削除すると、部品につけていた「制約」も一緒に削除されます。

20 ライブラリからボタンを3つ並べる

[ライブラリペイン] から [Button（ボタン）] を3つドラッグ＆ドロップして、水平に並べます。あとでStackでちゃんと整列させるのでだいたい並べるだけで大丈夫です。

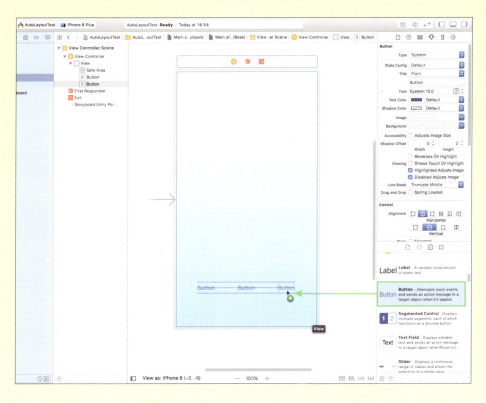

21 ボタンをStack Viewに入れる

ボタンを3つ選択してから、[Embed In Stack] ボタンをクリックすると、3つのボタンが1つにまとまります。

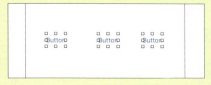

※水平に並べていたので水平方向にまとまりましたが、もし垂直に並べていたら垂直方向にまとまります。

22 Stack Viewを選択する

ボタンを入れたStack Viewを選択したいと思います。
ですが、クリックしても含まれているボタンが選択されるだけで、入れ物のStack Viewのほうを選択することができません。

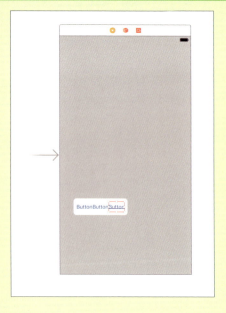

そういうときは［Document Outline］を使います。

［Document Outline］（ドキュメント アウトライン）は、画面の部品をリスト形式で確認できる画面で、インターフェイスビルダーの左側に表示されています。ここに、Stack View が表示されているので、クリックすると選択することができます。

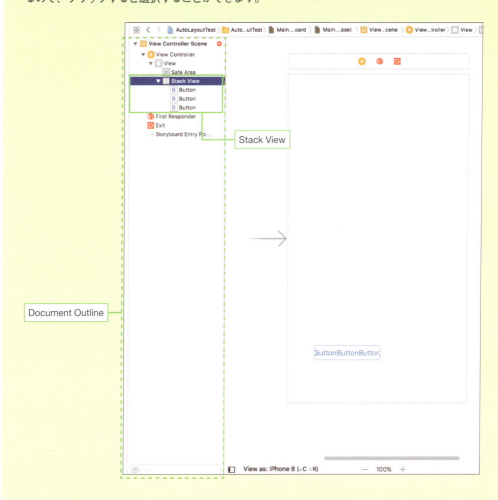

※［Document Outline］が表示されていないときは、インターフェイスビルダー左下にある［Document Outline］ボタンをクリックすると、表示・非表示が切り替わります。

23 等幅に並べる設定をする

Stack Viewを選択したら、［アトリビュート・インスペクタ］で等幅に設定します。
［Distribution］メニューで［Fill Equally］を選択します。

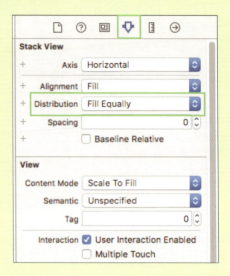

24 StackViewを画面の下に幅に合わせて表示する

Stack Viewを画面の下に、幅に合わせて伸び縮みさせて表示させましょう。
「右からの距離」「下からの距離」「左からの距離」「高さ」の4ヶ所を固定します。
画面の上下左右から0の距離に固定してみます。

❶ ［Add New Constraints］ボタンをクリックしてダイアログを開きます。
❷ ［Constrain to margins］のチェックをはずします。
❸ 「右からの距離」「下からの距離」「左からの距離」に0を入力します。
❹ ［Height］に60を入力します。
❺ ［Add 4 Constraints］ボタンをクリックします。

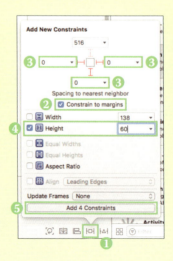

066　Chapter 3　アプリの画面を作る：Storyboard、AutoLayout

25 画面を更新する

下に5つ並んだボタンの左端の［Update Frames］ボタンをクリックします。すると、画面の下にボタンが3つ等間隔で並んで表示されます。

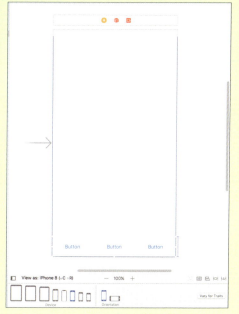

26 画面サイズを変えて確認する

画面のサイズを変えても、ラベルが3つ等幅で表示されるか確認してみましょう。

インターフェイスビルダーの下にある［View as: iPhone 8］ボタンをクリックして、［iPhone SE］を選択します。
下にラベルが3つ等幅で表示されますね。

今度は、[横向き]を選択してみます。
下にラベルが3つ等幅で表示されますね。

これで、画面の下に等間隔にボタンを並べるAutoLayout設定ができました。

Chapter 4

Swiftを体験する：
Playground

この章でやること

● Playgroundを使って、Swift言語を理解しましょう。

● 基本的なプログラムの文法や、クラスの考え方、Swift特有の
オプショナル型などを体験します。

Chapter 4-1

Swiftってなに？

ここでやること
● Playgroundを起動する。

アプリは「画面」と「プログラム」でできています。
「画面の作り方」の次は「プログラム」について見ていくことにしましょう。

安全なアプリを作れるプログラミング言語

iPhoneアプリはSwift言語というプログラミング言語で作ります。Swift言語は、iPhoneやMacのアプリを開発しやすいように考えられた、まだ新しいプログラミング言語です。

その特長は、『速い』『モダン』『安全』の3つ。
実行速度が「速く」、「モダンな書き方」なので最近の言語に慣れているプログラマーにもわかりやすく、実行時にエラーが起きにくいようにチェックしてくれる「安全機能のついた言語」なのです。

実習 Playgroundは、Swift練習帳

新しい言語なので、初めて触る人が多くいます。そのため、より多くの人にSwiftに親しんでもらうために、簡単にSwiftの練習ができる特別画面が用意されています。それが［Playground］です。

Playgroundは左右2つに分かれていて、右側の［エディター］が「プログラムを書くところ」、左側の［サイドバー］が「結果を表示するところ」です。
［エディター］にSwiftプログラムを書いていくと、すぐに解釈されて［サイドバー］に結果が表示されます。もしも間違った書き方をしたら、すぐにどこがおかしいかを教えてくれるので、Swiftを気軽に学習するにはもってこいのアプリです。この本でも、Swift言語の学習には［Playground］を使いたいと思います。

さあ、［Playground］を起動してみましょう。

1　Playgroundを起動する

Playgroundを起動しましょう。
Xcodeを起動すると［Welcome to Xcode］ウィンドウが表示されます。
［Get started with a playground］をクリックします。

2　ファイル名を決める

次にテンプレートを選ぶダイアログが表示されるので、「Blank」を選択して、［Next］ボタンをクリックします。すると、保存ダイアログが表示されます。

保存ダイアログで保存先を決めて［Create］ボタンをクリックすると、Playgroundが始まります。

Playgroundの画面

Chapter 4-2

データを扱う：変数、定数、データ型

ここでやること
- Playgroundで、計算をする。
- いろいろなデータ型で、変数、定数を作る。
- データの型変換を行う。

実習 算術演算子：＋、ー、＊、/、％

算術演算子を使うと、計算することができます。
足し算は「＋」、引き算は「ー」、かけ算は「＊」、わり算は「/」、わり算のあまりは「％」を使います。

3 計算する

［エディター］に算術演算子を使っていろいろな四則演算を入力してみましょう。
計算結果が右側の［サイドバー］に表示されます。

```
1+1                    2
8-3                    5
99*99                  9801
256/16                 16
100%3                  1
```

入力すると…　　　計算結果が表示される

072　Chapter 4　Swiftを体験する：Playground

実習 変数：「データを入れる箱」に名前をつけたもの

データを扱うときは、基本的には「変数」を使います。
「変数」とは、数字や文字を入れることができる「箱」のようなものです。
名前をつけた「箱」に値を入れて、後から確認したり、変更することができます。
変更できる値に使うので「変数」と呼びます。

書式 変数を作る

```
var <変数名> = <値>
```

4　変数を扱う

変数（例：score）を作り、値を変更してみます。右側の［サイドバー］を見ると、変数の値がどんどん変わって行くのがわかります。

```
var score = 100                100
score = 200                    200
score = 100 + 200              300
score = score * 2              600
```

実習 定数：「値」に名前をつけたもの

「変数」と「定数」は、似ていますが違いがあります。
それは、「値を入れる箱」と「値そのもの」のどちらを重要とするかに違いがあるのです。

「変数」は、「値を入れる箱の方が重要なとき」に使います。
例えば、「ゲームのスコア」や「数を数えるカウンター」などに使います。そのプログラムの処理で値は変化するけれども、値が変わってもデータとしては同じものを意味するときに使います。
その箱が何かわかるように「データを入れる箱に名前をつけたもの」が「変数」なのです。

これに対し「定数」は、「値そのものが重要なとき」に使います。

例えば、「消費税率」や「円周率」などに使います。そのプログラム中では変化しない固定の値を取り扱うときに使います。

その値が何なのかわかるように「値そのものに名前をつけたもの」が「定数」なのです。

変数：値を変更するときに使う。「データを入れる箱」に名前をつけたもの。
定数：値を変更しないときに使う。「値そのもの」に名前をつけたもの。

めんどうくさいのでついすべて「変数」でプログラムしてしまいがちですが、Swiftでは「変数」と「定数」は、ちゃんと分けて使うように推奨しています。

これはひとつの安全機能なのです。もし値を変えてはいけないのに「変数」を使っていたら、うっかり値を書き換えてしまう可能性があります。だから「変数を用意したのに、プログラム中で変更していないとき」は、「これは定数にするべきですよ」という警告が出ます。逆に「定数を用意したのに、プログラム中で変更してしまったとき」は、Xcodeは「これは定数なので変更できませんよ」という警告が出ます。うっかりミスを起こさないために、Xcodeが警告してくれているのです。

書式 定数を作る

```
let <定数名> = <値>
```

※変数名や定数名によく使われる単語一覧をP.302のコラムにまとめています。

5　定数を扱う

定数（例：heisei）を作り、値を変更しようとすると「定数なので変更できませんよ」という警告が出ます。

```
let heisei = 1989                                                          1989
heisei = 2000        🚫 Cannot assign to value: 'heisei' is a 'let' constant    1989
```

そして、関数の中などに定数（例：a）を作っても何も変更しない場合も、「何にも使っていないことを表す「＿」という名前にするか、定数にすべきですよ」という警告が出ます。

※関数に関しては、Chapter 4-5で解説します。Playgroundでは、この警告はそのままでは出ないようになっていますが、関数に入れた状態だとチェックが行われます。

```
func test() {
    var a = 0    ⚠ Initialization of variable 'a' was never used; consider replacing...
}
```

データ型：何のデータかハッキリさせる

変数や定数で扱うデータには、整数や小数や文字などいろいろな種類があり、このデータの種類のことを、「データ型」といいます。変数や定数を作るときは「何のデータ型を入れる変数（定数）」なのかをハッキリさせる必要があります。

書式　変数、定数のデータ型を指定する

```
var <変数名>：<データ型> = <値>
let <定数名>：<データ型> = <値>
```

このように、本来はデータ型を指定して作る必要があるのですが、後ろの値を見れば「何のデータ型にしようとしているか」は見当がつくので、わざわざデータ型を指定しなくても、Swiftが「自動設定」してくれるのです。
簡単にしたいときは、データ型を指定しなくても作れますし、わかりやすくしたいときはデータ型を書くことで明確にすることもできるのです。

実習 データ型の種類

データ型にはいろいろな種類があります。

整数型：Int

整数を扱うときは［Int］型を使います。

主に、物の数を数えるのに使います。

個数（データの個数など）や、回数（くり返し回数など）や、番号（登録番号、何番目のデータかなど）
などに使います。

6 整数型を扱う

整数型の変数（例：itemCount）を作って、値を変更してみます。整数の値が変わっていくのが
わかります。

```
var itemCount:Int = 10                          10
itemCount = itemCount + 50                       60
```

※整数型の種類をP.302のコラムにまとめています。

小数型：Double, Float

小数を扱うときは［Double］型や［Float］型を使います。

一般的な数値（重さ、長さなど）や、一般的な計算（距離の計算、金額の計算など）に使います。
［Float］型は「浮く」という意味ですが、「浮動小数点」という方式が使われているのでこう呼ば
れます。
この［Float］型の倍のメモリ量を使って精度を良くしたデータ型を［Double］型といいます。
現在では基本的に［Double］型を使って計算します。［Float］型は昔からある命令を利用する場
合などに使われます。

076　　**Chapter 4**　　Swiftを体験する：Playground

7 小数型を扱う

2つの小数型の定数（例：heightとweight）を作り、その2つを使ってBMI値を計算してみます。
小数で計算されるのがわかります。

```
let height:Float = 1.70                                    1.7
let weight: Float = 64.5                                   64.5
let BMI: Float = weight / (height * height)                22.31834
```

ブール型：Bool

［Bool］型は、真偽を扱うときに使います。

真か偽か、オンかオフか、YesかNoか、成功か失敗かなど、二者択一で切り換える情報に使います。

真を意味するtrueと、偽を意味するfalseのどちらかの値になります。

「どちらの状態なのか」を調べるデータ型なので、主に条件判断に利用します。

chapter
4-2

8 ブール型を扱う

ブール型の変数（例：isOK）を作って、値を変更してみます。値は、trueとfalseに変わります。

```
var isOK:Bool = false                                      false
isOK = true                                                true
```

文字列型：String

文字列を扱うときは［String］型を使います。

物の名前や、説明文や、メッセージや、セリフなど、文字列で表すデータに使います。

文字列の前後を「"（ダブルクォーテーション）」で囲んで指定します。

2つの文字列は、「+」で1つに結合することができます。

書式 2つの文字列を結合する

```
＜変数名＞ ＝ ＜文字列＞ ＋ ＜文字列＞
```

文字列の中に「変数の値」を埋め込んで文字列にすることもできます。

書式 文字列の中に「変数の値」を埋め込んで文字列にする

```
<変数名> = "\( <変数名> )"
```

※「\」は、バックスラッシュと言って、Optionキーを押しながら、「?」を押して入力します。

9 文字列型を扱う

文字列の結合をしてみましょう。定数（例：helloString1）に"みなさん"という文字列を入れて、その定数と"こんにちは"の文字を結合させて別の定数（例：helloString2）を作ります。
［サイドバー］を見ると、結合した文字になっているのがわかります。
次に定数の値を埋め込んでみましょう。定数（例：myWeight）に64.5という小数を入れて、その定数を文字列に埋め込んで文字列の定数（例：myStr）を作ります。
［サイドバー］を見ると、文字列に小数が埋め込まれているのがわかります。

```
let helloString1 = "みなさん"                        "みなさん"
let helloString2 = helloString1 + "こんにちは"        "みなさんこんにちは"

let myWeight = 64.5                                   64.5
let myStr = "私の体重は\(myWeight)kgです。"            "私の体重は64.5kgです。"
```

実習 型変換

データ型が違うもの同士は、計算ができません。同じデータ型に変換してから計算をします。
整数と小数を混ぜた計算をしたいときや、入力した文字列の数字を計算できる数値に変換したいとき、などは［型変換］を行います。

書式 データ型を変換する

```
<変換する型>（<値>）
```

078　**Chapter 4**　Swiftを体験する：Playground

整数型に変換する

整数型に変換するときは［Int(＜値＞)］を使います。

「ユーザーが入力した文字列を、整数に変換して計算したいとき」などに使います。

※小数を整数に変換したときは、小数点以下が切り捨てられます。

※文字列を整数に変換するときは、オプショナル型（詳しくは、Chapter 4-6で解説します）を使います。文字列には整数以外にもいろいろ入る可能性があるので、必ず正しく変換できるとは限りません。整数に変換できなかった場合のチェックが必要なのです。

10 整数に型変換を行う

"100"という文字を定数（例：inputString）に入れて文字列型の変数を作ります。
この定数を5倍する計算をしようとすると、文字は計算できないのでエラーが出ます。

```
let inputString = "100"                                    "100"
let answer = inputString*5  ❗ Binary operator '*' cannot be ap...
```

そこで、整数に型変換すると、数値として計算することができます。

```
let inputString = "100"                                    "100"
let answer = Int(inputString)!*5                           500
```

123.45という小数を整数に型変換して、intValueという定数に入れてみます。整数になったので、小数点以下の値が切り捨てられてしまいます。

```
let intValue = Int(123.45)                                 123
```

小数型に変換する

小数型に変換するときは［Double(＜値＞)］または［Float(＜値＞)］を使います。
整数と小数を混ぜた計算をしたいときなどに使います。

11 小数に型変換を行う

定数（例：price）に100という整数を入れて整数型の定数を作ります。
これを1.08倍する計算をしようとすると、整数と小数で型が違うのでエラーが出ます。

```
let price:Int = 100                                              100
let pay = price*1.08    ⛔ Binary operator '*' cannot be applied to...
```

そこで、Floatで小数に型変換すると、1.08倍する計算ができるようになります。

```
let price:Int = 100                 100
let pay = Float(price)*1.08         108
```

文字列型に変換する

文字列型に変換するときは［String(＜値＞)］を使います。
数値を文字に変換して、文字の一部として使うときに使います。

12 文字列に型変換を行う

定数（例：count）に5という整数を入れて整数型の定数を作ります。
この変数と文字を結合しようとすると、文字と数値は結合できないのでエラーが出ます。

そこで、Stringで文字列に型変換すると、結合できるようになります。

```
let count = 5                                         5
let myMessage:String = "リンゴが" + String(count) + "個"    "リンゴが5個"
```

Chapter 4-3

プログラムの構造について

ここでやること
- if文、switch文で選択処理を使う。
- for文、while文で反復処理を使う。

ブロックは、仕事のまとまり

次は、「プログラムの構造」について見ていきましょう。

まずプログラムは、「ブロック」でできています。

例として、Chapter 2で作った［ViewController.swift］のソースコードを見てみましょう。波括弧で囲まれた部分がいくつかあることがわかります。

この波括弧で囲まれた部分を「ブロック」といいます。ブロック部分は、わかりやすいように、インデント（字下げ）されて表示されます。また、ブロックの中には、さらにブロックが入っているのもわかりますね。ブロックは、入れ子構造にすることもできるのです。

```
//
//  ViewController.swift
//  emptyApp
//
//  Created by 森 巧尚 on 2016/10/10.
//  Copyright © 2016年 myname. All rights reserved.
//

import UIKit

class ViewController: UIViewController {

    override func viewDidLoad() {
        super.viewDidLoad()
        // Do any additional setup after loading the view, typically from a nib.
    }

    override func didReceiveMemoryWarning() {
        super.didReceiveMemoryWarning()
        // Dispose of any resources that can be recreated.
    }

}
```

❶のブロックは、「アプリが表示されるときにする仕事」

❷のブロックは、「メモリが少なくなったときにする仕事」

❸のブロックは、「この画面で行う仕事」

を表しています。

それぞれの「ブロック」が、「仕事のまとまり」を表しています。

プログラムは文字がたくさん並んでいますが、「ブロック」に注目すると「この画面で行う仕事」の中に「アプリが表示されるときにする仕事」と「メモリが少なくなったときにする仕事」があるという、「ブロックの組み合わせだけ」でできているというのがわかります。構造がシンプルなことがわかり、理解しやすくなりますね。

「ブロック」は、プログラムの構造を作る単位なのです。

> **はてな？**
>
> **変数はブロック内でだけ有効**
> 「ブロック」は「仕事のまとまり」なので、ブロック内で作った変数は、そのブロックの中でだけ有効になり、ブロックの外では無効になります。仮に、ブロックの中と外で「同じ名前の変数」を作ったとしても、それは仕事のまとまりとして別なので、「別の変数」として扱われるのです。これを「スコープ」といいます。

プログラムの3つの基本構造

さて、ブロックで作っていくプログラムの基本構造は、3つあります。

「順次構造」「選択構造」「反復構造」の3つです。

すべてのプログラムは、これらの基本構造を組み合わせてできているのです。

順次構造：上から順番に、実行する

ブロックの中のプログラムは、上から順次（順番に）命令を実行していきます。これを［順次構造］といいます。

順次構造は、上から順番に命令を行っていくので単純な処理を行います。データを見て判断したり、くり返し処理を行う「考える部分」には［選択構造］や［反復構造］が必要です。

条件によって実行する文を切り換える構造を［選択構造］といいます。if文や、switch文があります。

条件が満たされるまでくり返す構造を［反復構造］といいます。while文や、for文があります。

082　**Chapter 4**　Swiftを体験する：Playground

実習 選択構造（条件分岐）：もしも〜なら、実行する

選択構造は、「条件を見て、処理を行うか行わないかの選択をするとき」に使います。
例えば「もしも、数字を2で割った余りが0だったら、"偶数"と表示する」とか、「もしも、以前の点数より高い点数だったら、"ハイスコア！"と表示する」など、条件によって処理の分岐を行います。
選択構造を行う命令文には、if文や、switch文があります。

if文

選択構造は、基本的にif文を使います。
if文には「条件を満たしていたらするブロック」と「条件を満たしていないときするブロック」が用意されていて、［条件式］を使って処理を分岐します。
［条件式］が正しいときだけ「条件を満たしていたらするブロック」を実行し、正しくないときは「条件を満たしていないときするブロック」を実行するのです。

書式 if文

```
if ＜条件式＞ {
    ＜条件を満たしているときする処理＞
}
```

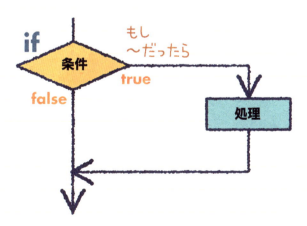

> **書式** if else文
>
> ```
> if <条件式> {
>     <条件を満たしているときする処理>
> } else {
>     <条件を満たしていないときする処理>
> }
> ```

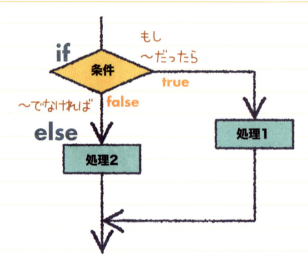

条件式は、2つの値を比較して行います。[比較演算子]という2つの値を比較する記号を使って調べます。

比較演算子

==	左辺と右辺が同じかどうか
!=	左辺と右辺が違うかどうか
<	左辺が右辺より小さいかどうか
<=	左辺が右辺以下かどうか
>	左辺が右辺より大きいかどうか
>=	左辺が右辺以上かどうか

13 if文で分岐を行う

scoreという変数を作り、80以上かどうかで表示を変えてみましょう。もし、80以上なら"GOOD!"と表示し、そうでなければ"BAD!"と表示します。

```
var score = 100                              100
if 80 < score {
    print("GOOD!")                           "GOOD!\n"
} else {
    print("BAD!")
}
```

switch文

「変数の値によって、場合（ケース）分けしたいとき」は、switch文を使います。

例えば「曜日を調べて、日曜なら日曜の時刻表を表示し、それ以外なら平日の時刻表を表示する」とか「ゲーム終了時のランクを調べて、Aならボーナス、Sならスペシャルボーナスを出す」など、値によっていろいろな場合分けをするときに使います。
「どのケースに当てはまらない場合」というのも考えられます。これは［default:］で指定します。想定しない場合が起こってしまうこともありえますので、［default:］の指定は必ず必要です。

書式 switch文

```
switch ＜変数名＞ {
case ＜値1＞:
    ＜値1のときにする処理＞
case ＜値2＞:
    ＜値2のときにする処理＞
default:
    ＜どの値でもないときにする処理＞
}
```

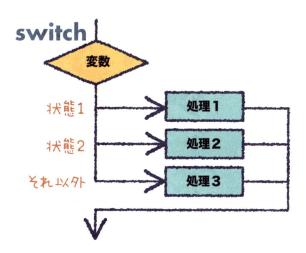

14 switch文で分岐を行う

diceという変数を作り、その目によって表示が変わるプログラムを作ってみましょう。

```
var dice = 1                                    1            ▣
switch dice {
case 1:      // 1が出たら振り出しに戻ります
    print("振り出しに戻る")                      "振り出しに戻る\n"   ▣
case 2,5:    // 2から5が出たらもう1回振ります
    print("もう1回振ります")
default:     // それ以外の目は出た目だけ進みます
    print("出た目の数だけ進む")
}
```

実習 反復構造（ループ）：くり返し、実行する

反復構造は、「条件を満たす間ずっと同じ処理をくり返すとき」に使います。

注意点として、必ず終わるように条件を作る必要があります。もし正しい終了条件でなければ「無限ループ」というくり返しが終わらないバグになってしまいます。

反復構造を行う命令文には、while文や、for文があります。

while文

「条件を満たしている間、同じ処理をくり返したいとき」は、while文を使います。

while文もif文と同じように［条件式］を使います。この条件式が正しいかどうかをチェックして、正しい状態のときだけブロック内の処理をくり返し続けます。

「条件を満たしている間、くり返し続ける命令」なので、ブロックの中で、必ず条件式の値が変化して、いつかはくり返しが終わるようにプログラムする必要があります。条件が変わらないままだと、永久にくり返し続ける「無限ループ」になってしまいます。

書式 while文

```
while <条件式> {
    <くり返す処理>
}
```

086　**Chapter 4**　Swiftを体験する：Playground

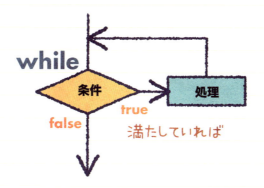

15 while文でくり返しを行う

0に7を足して、100を超えるまで足し続けたら、いくつになるかを表示するプログラムを作ってみましょう。

```
var d = 0                                          0
while (d < 100) {
    d += 7                                         (15 times)
}
print("答えは\(d)")                                 "答えは105\n"
```

Playgroundでは、［くり返し処理］は、サイドバーの ▣ をクリックすると、その行の下にグラフが表示されます。値がどう変化していくかを視覚的に確認できます。

16 while文のくり返し結果を確認する

▣ をクリックするとグラフが表示されます。

for文

「指定した範囲で処理をくり返したいとき」は、for文を使います。
「くり返し用の変数」を用意して、範囲を決めて、くり返しを行います。
この範囲が、「＜開始値＞から＜終了値＞まで」か「＜開始値＞から＜終了値＞未満まで」かで、指定方法が少し違います。

＜開始値＞から＜終了値＞まで

くり返しの範囲が、「＜開始値＞から＜終了値＞まで」のときは、[...]記号を使います。

書式 for文【＜開始値＞から＜終了値＞まで】

```
for ＜くり返し用の変数名＞ in ＜開始値＞ ... ＜終了値＞ {
    ＜くり返す処理＞
}
```

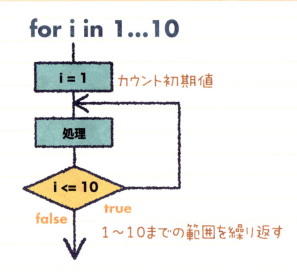

17 0～3の範囲を表示する

0～3の範囲を実行するプログラムを作ってみましょう。

```
for i in 0...3 {      // 0～3の範囲（0,1,2,3）を実行します
    print(i)
}                                                          (4 times)
```

Playgroundでは、サイドバーの■をクリックすると、グラフ表示で確認できますが、数値で見たいときは、グラフをさらに右クリック（control + クリック）して［Value History］を選択すると、リストで表示されます。

```
for i in 0...3 {      // 0〜3の範囲(0,1,2,3)を実行します
    print(i)
        0
        1
        2
        3
}
```

＜開始値＞から＜終了値＞未満まで

くり返しの範囲が、「＜開始値＞から＜終了値＞未満まで」のときは、［..<］記号を使います。

書式 for文【＜開始値＞から＜終了値＞未満まで】

```
for ＜くり返し用の変数名＞ in ＜開始値＞ ..< ＜終了値＞ {
    ＜くり返す処理＞
}
```

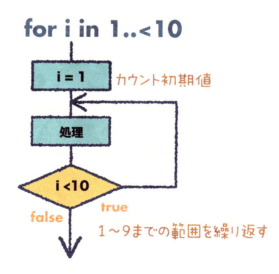

18 0〜2の範囲を表示する

0〜2の範囲を実行するプログラムを作ってみましょう。

```
for i in 0..<3 {      // 0〜2の範囲 (0,1,2) を実行します
    print(i)                                            (3 times)
}
```

Playgroundでは、サイドバーの▣をクリックすると、グラフ表示で確認できますが、数値で見たいときは、グラフをさらに右クリック（control + クリック）して［Value History］を選択すると、リストで表示されます。

```
for i in 0..<3 {      // 0〜2の範囲(0,1,2)を実行します
    print(i)                                            (3 times)      ◉ ▣
        0
        1
        2
            ┌─────────────────┐
            │   Latest Value   │
            │ ✓ Value History  │
            └─────────────────┘
}
```

同じ処理をくり返したいだけのとき

for文で用意したくり返し用の変数は、ブロックの中で使っていないと警告が出ます。

「変数を作ったのに、その変数が使われていません」という警告です。

※Playgroundでは出ないようになっていますが、関数に入れた状態やプロジェクトでアプリを作るときにはチェックが行われます。

```
func test() {
    for abc in 0...3 {  ⚠ Immutable value 'abc' was never used; consider repla...

    }
}
```

「変数を用意したのに使っていません！」という警告。

このように、くり返し用の変数を使わず、ただ同じ処理をくり返したいだけのときは、変数名を［ _ （アンダースコア）］にします。［ _ ］は「名前も付いていないような変数」という意味で、使われていなくても警告の出ない変数なのです。

```
func test() {
    for _ in 0...3 {

    }
}
```

_ を使うと、警告がなくなります。

090　**Chapter 4**　Swiftを体験する：Playground

コメント文

プログラムは構造が複雑になってくると、「ここで何をしているのか」がわかりにくくなってきます。「プログラムは人間が読むもの」なので意味を正しく読み取れるようにすることが重要です。そういうときは、プログラム中に日本語で説明文を書き込んで読みやすくします。それが［コメント文］です。コメント文は、アプリの動作には影響しないので、どこにでも書くことができます。コメント文には2種類あります。

単一行コメント

行の先頭に「//」を書くことでその1行をコメントにすることができます。
「ひとこと説明」を加えたいなどに使います。

```
// 単一行コメント：ひとこと説明に使います。
```
単一行コメント

複数行コメント

範囲を「/*」と「*/」で囲むと、その範囲全てをコメントにすることができます。
複数行にわたってコメントにすることができるので、詳しい説明を書くときに使います。

```
/*
複数行コメント：
詳しい説明を書くときに使います。
*/
```
複数行コメント

TIPS

ショートカットでコメント行にする方法
コメントにしたい行で［command］キー＋［/］キーで、先頭に［//］がついて、その行を単一コメントにすることができます。
また、単一コメント行で［command］キー＋［/］キーで、先頭の［//］が削除されて、コメントでなくなります。
［command］キー＋［/］キーを押すたびに、行をコメントにしたり元に戻したり、簡単に切り換えることができます。

TIPS

コメントの利用方法
コメントは説明文なので、プログラムとして無視される部分です。このことを利用して、開発時に「プログラムを一時的に無効にする機能」として使うこともあります。無効にしたい文をコメントにして、一時的に無効にして、動作確認を行うのです。

Chapter 4-4

たくさんのデータを扱う

ここでやること
- 配列を作って、操作する。
- 辞書データを作って、操作する。
- タプルを作って、操作する。

複数データを扱う

変数や定数には、1つのデータを入れて扱います。

しかし、データをたくさん扱う場合は、変数や定数だとデータの数だけ作る必要があるのでたいへんです。

たくさんのデータは、ひとまとめにして扱えると便利です。

たくさんのデータを「リスト」のように番号で順番に管理できるものを [配列（Array）] といい、「アドレス帳」のように名前で管理できるものを [辞書データ（Dictionary）] といいます。

配列（Array）：並んだたくさんのデータをまとめて扱う

「複数のデータを順番に並べて、番号指定で読み書きを行いたいとき」は、[配列（Array）] を使います。

配列は、データを入れるタンスのようなもので、引き出しのひとつひとつが変数になっています。「3番の引き出しに値を入れる」「5番の引き出しの値を見る」など、番号で指定してデータにアクセスします。

データを入れる「タンス」のことを [配列（Array）] といい、「引き出しの番号」のことを [添え字（index）] といいます。また、「引き出しの中身」のことは [要素（element）] といいます。

書式

```
配列［添え字］ ＝ 要素
```

配列にはすべて同じデータ型のデータが入っています。例えば、整数の配列には、すべて整数が入っています。

また、配列の要素は0番から始まります。最初の要素は1番ではなく、0番なので注意しましょう。

実習 配列（Array）を作る

配列（Array）を作る1：値を入れて作る

配列データは、カンマ［,］で区切って並べた値を、角括弧［ ］で囲って作ります。

書式 値を入れて、配列を作る

```
var ＜配列名＞ ＝［＜値1＞，＜値2＞，＜値3＞，...］
```

19 値を入れて、配列を作る

整数の配列と、文字列の配列を作ってみましょう。配列の値が［サイドバー］に表示されます。

```
var intArray1 = [1,2,3]         // 整数の配列        [1, 2, 3]
var strArray1 = ["A","B","C"]   // 文字列の配列      ["A", "B", "C"]
```

配列（Array）を作る2：型を指定して作る

要素の型を指定して配列を作ることもできます。

要素の型指定をしておけば、どんな型のデータ用の配列なのかがわかりやすくなります。

書式 型を指定して、配列を作る

```
var ＜配列名＞:［＜型＞］＝［＜値1＞，＜値2＞，＜値3＞，... ］
```

20 型を指定して、配列を作る

整数の配列と、文字列の配列を型を指定して作ります。

```swift
var intArray2:[Int] = [1,2,3]            // 整数の配列        [1, 2, 3]
var strArray2:[String] = ["A","B","C"]   // 文字列の配列       ["A", "B", "C"]
```

配列（Array）を作る3：くり返す値と個数を指定して、配列を作る

配列の値が全て同じ値ならば、くり返す値と個数を指定するだけで作ることができます。

書式 くり返す値と個数を指定して、配列を作る

```swift
var <配列名> = Array(repeating: <値>, count: <個数> )
```

21 くり返す値と個数を指定して、配列を作る

0を3個の配列と、"A"を5個の配列を作ります。

```swift
var intArray3 = Array(repeating: 0, count: 3)      // 0を3個      [0, 0, 0]
var strArray3 = Array(repeating: "A", count: 5)    // "A"を5個    ["A", "A", "A", "A", "A"]
```

配列（Array）を作る4：空の配列を作る

空の配列は、要素を書かずに作ります。値はないのでデータ型の自動設定は行われませんので、データ型の指定が必要です。

空の配列は、最初は空っぽで、実行時に要素を追加していく場合に使います。

書式 空の配列を作る

```swift
var <配列名> :[ <型>] = []
var <配列名> = [ <型>]()
```

22 空の配列を作る

空の文字列の配列を作ります。

```
var emptyArray1:[String] = []
var emptyArray2 = [String]()
```

実習 配列（Array）を調べる

要素の個数を調べる

配列の要素の個数は、countで調べることができます。

書式 要素の個数を調べる

```
＜配列名＞.count
```

23 配列の個数を調べる

配列を作って、その個数を調べます。

```
var intArray4 = [1,2,3,4,5]    // 配列を作ります          [1, 2, 3, 4, 5]
var cnt = intArray4.count      // 個数は、5個です          5
```

要素の値を調べる

要素の各値にアクセスするには、［ ］の中に添え字を指定します。

添え字は、0から始まる整数で指定します。

書式 要素の値を調べる

```
＜配列名＞［＜添え字＞］
```

095

24 要素の値を調べる

配列を作って、最初に入っている要素（添え字 [0]）を調べます。

```
var intArray5 = [1,2,3,4,5]     // 配列を作ります          [1, 2, 3, 4, 5]
print(intArray5[0])             // 最初の要素は、1です      "1\n"
```

全ての要素を調べる

for in文を使えば、全要素を順番に見ていくことができます。

for in文は、＜開始値＞と＜終了値＞を使ってくり返しの範囲を指定しますが、ここに「配列名」を指定すれば、その配列の全ての要素を1つずつ取りだして、処理をくり返していきます。

書式 全ての要素を調べる

```
for <要素を入れる変数名> in <配列名> {
}
```

25 全ての要素を調べる

3つの値が入った配列を作って、その配列の全ての要素を表示させてみます。

```
var strArray6 = ["A","B","C"]  // 配列を作ります          ["A", "B", "C"]
for val in strArray6 {          // 要素の数だけ繰り返します
    print("要素=\(val)")                                  (3 times)

    要素=A

    要素=B

    要素=C

}
```

096　**Chapter 4**　Swiftを体験する：Playground

実習 配列（Array）を操作する

配列の最後に、要素を追加する

配列の一番最後に要素を追加するときは、append( )を使います。

書式 配列の最後に、要素を追加する

```
<配列名>.append( <要素> )
```

26 配列の最後に、要素を追加する

配列を作って、配列の最後に要素を1つ追加して確認してみます。

```
var strArray7 = ["A","B","C"]  // 配列を作ります               ["A", "B", "C"]
strArray7.append("D")          // 要素を追加します             ["A", "B", "C", "D"]
print(strArray7)               // 配列に追加されたことを確認します  "["A", "B", "C", "D"]\n"
```

指定位置に、要素を追加する

指定位置に要素を追加するときは、insert( )を使います。どの位置に追加するかを添え字で指定します。

書式 指定位置に、要素を追加する

```
<配列名>.insert( <要素>, at: <添え字> )
```

27 指定位置に、要素を追加する

配列を作って、2番目（添え字 [1]）に要素を追加します。

```
var strArray8 = ["A","B","C"]  // 配列を作ります               ["A", "B", "C"]
strArray8.insert("X", at: 1)   // 添え字1の位置に"X"を追加します。  ["A", "X", "B", "C"]
print(strArray8)               // 配列に追加されたことを確認します  "["A", "X", "B", "C"]\n"
```

chapter
4-4

097

指定位置の要素を削除する

指定位置の要素を削除するときは、removeAtIndex()を使います。
どの要素を削除するかを添え字で指定します。

書式 指定位置の要素を削除する

```
<配列名>.remove(at: <添え字> )
```

28 指定位置の要素を削除する

配列を作って、2番目［1］の要素を削除します。

```
var strArray9 = ["A","B","C"]    // 配列を作ります                       ["A", "B", "C"]
strArray9.remove(at: 1)          // 添え字1の要素を削除します             "B"
print(strArray9)                 // 配列から削除されたことを確認します    ["A", "C"]\n"
```

要素を全て削除する

要素を全て削除するときは、removeAll()を使います。

書式 要素を全て削除する

```
<配列名>.removeAll()
```

29 要素を全て削除する

配列を作って、全ての要素を削除します。

```
var strArray10 = ["A","B","C"]   // 配列を作ります                       ["A", "B", "C"]
strArray10.removeAll()           // 要素を全て削除します                  []
print(strArray10)                // 配列から削除されたことを確認します    "[]\n"
```

配列をソートする1：昇順

配列を昇順でソートするには、sorted() を使います。

値の小さいものから大きいものへ順番に並べて、新しい配列を作ります。

書式 昇順でソートする

```
var ＜新しい配列名＞ = ＜配列名＞.sorted()
```

30 昇順でソートする

配列を作って、昇順にソートします。

```
var intArray11 = [4,3,1,5,2]            // バラバラに並んだ配列を作ります。    [4, 3, 1, 5, 2]
var sortArray11 = intArray11.sorted()   // 昇順にソート                        [1, 2, 3, 4, 5]
print(sortArray11)                      // ソート結果を確認します。           "[1, 2, 3, 4, 5]\n"
```

配列をソートする2：降順

配列を降順でソートするには、sorted(by: { $0 > $1 }) を使います。

値の大きいものから小さいものへ順番に並べます。

書式 降順でソートする

```
var ＜新しい配列名＞ = ＜配列名＞.sorted( by: { $0 > $1 } )
```

31 降順でソートする

配列を作って、降順にソートします。

```
var intArray12 = [4,3,1,5,2]            // バラバラに並んだ配列を作ります。    [4, 3, 1, 5, 2]
var sortArray12 = intArray12.sorted(by:{ $0 > $1 } ) // 降順にソート           (8 times)
print(sortArray12)                      // ソート結果を確認します。           "[5, 4, 3, 2, 1]\n"
```

辞書データ（Dictionary）：
たくさんのデータを名前で管理する

「複数のデータを集めておいて、名前で指定で読み書きを行いたいとき」は、［辞書データ（Dictionary）］を使います。

辞書データは、名前の通り「辞書のようなデータ形式」です。

「一般的な辞書」は、調べたいことがあったとき、その単語のあるページを見つけて、説明文を読みます。同じように、「辞書データ」も調べたいデータがあったとき、その名前（キー）で見つけて、値にアクセスします。

「辞書データ」の中から見つける単語のことを［キー（key）］といい、そのキーとペアになったデータのことを［要素（element）］といいます。

配列が「番号」で指定していたのに対し、辞書データは「文字列」で指定します。

> **書式**
>
> 辞書データ［キー］= 要素

辞書のように、キーワードを指定してデータを引き出せる

実習 辞書データ（Dictionary）を作る

辞書データを作る1：値を入れて作る

辞書データは、＜キー＞：＜値＞というペアをカンマ［ , ］で区切って並べ、角括弧［ ］で囲って作ります。

書式 値を入れて、辞書データを作る

```
var <辞書データ名> = [<キー>:<値>，<キー>:<値>，<キー>:<値>，...]
```

32 値を入れて、辞書データを作る

整数の辞書データ、文字列の辞書データを作ります。

```
var intDict1 = ["a":1, "b":2, "c":3]        // 整数　の辞書データ    ["b": 2, "a": 1, "c": 3]
var strDict1 = ["a":"い","b":"ろ","c":"は"]  // 文字列の辞書データ    ["b": "ろ", "a": "い", "c": "は"]
```

辞書データを作る2：空の辞書データを作る

空の辞書データは、要素を書かずに作ります。値はないのでデータ型の自動設定は行われませんので、データ型の指定が必要です。

空の辞書データは、最初は空っぽで、実行時に要素を追加していくときに使います。

書式 空の辞書データを作る

```
var <辞書データ名> ：[<キーの型>:<値の型>] = [ : ]
var <辞書データ名> ：[<キーの型>:<値の型>]( )
```

33 空の辞書データを作る

2種類の方法で空の辞書データを作ります。どちらも空の辞書データになります。

```
var emptyDict1:[String:Int] = [:]    // 空の辞書データ          [:]
var emptyDict2 = [String:Int]()      // 空の辞書データ          [:]
```

101

実習 辞書データ（Dictionary）を調べる

要素の個数を調べる

辞書データの要素の個数は、countで調べることができます。

書式 要素の個数

```
<辞書データ名>.count
```

34 要素の個数を調べる

3つのデータが入った辞書データを作り、個数を調べます。

```
var strDict2 = ["a":"A","b":"B","c":"C"]   // 辞書データを作ります。    ["b": "B", "a": "A", "c": "C"]
print(strDict2.count)                      // 要素は、3個です。         "3\n"
```

要素の値を調べる

辞書データの要素にアクセスするときは、[ ] の中にキーを指定します。

ですが、キーに対応する値が見つからない場合もあります。

見つからない場合はnilが返ってきます。nilをそのまま扱うとアプリが落ちる危険性があるので、オプショナル型に変換された値で返ってきます。そのため要素の値を使うときは、オプショナル型から値を取り出して使います。

※オプショナル型については、Chpater 4-6で詳しく解説します。

書式 要素の値を調べる

```
<辞書データ> [キー]
```

35 要素の値を取り出して調べる

辞書データの要素を調べます。要素の値はオプショナル型で返ってくるので、nilかどうかのチェックをして取り出して使います。

```
var strDict3 = ["a":"い", "b":"ろ", "c":"は"]    // 辞書データを作ります。       ["b": "ろ", "a": "い", "c": "は"]
print(strDict3["c"])                           // 要素を表示します。  ⚠ Expression implicitly c...   "Optional("は")\n"

if let getValue = strDict3["c"] {              // チェックします。
    print(getValue)                            // 値があるときの処理                            "は\n"
} else {
    print("not found.")                        // 値がないときの処理
}
```

全ての要素を調べる

for in文を使えば、全要素を順番に見ていくことができます。

辞書データから取り出す要素は、［キー］と［値］がセットになった2つの値ですので、タプル(タプルに関しては、このあと解説します)で扱います。「キーを入れる変数」と「値を入れる変数」を用意して、そこに「キー」「値」の2つのセットになったデータを取り出して、くり返します。

※ただし配列と違い、その並びは順番に並んでいるわけではありません。

書式 全ての要素を調べる

```
for (＜キーを入れる変数＞, ＜値を入れる変数＞) in ＜辞書データ名＞ {

}
```

36 全ての要素を調べる

辞書データの全ての要素を表示します。

```
var strDict4 = ["a":"い","b":"ろ","c":"は"]    // 辞書データを作ります       ["b": "ろ", "a": "い", "c": "は"]
for (key, value) in strDict4 {                // 要素の数だけ繰り返します
    print("strDict[\(key)]=\(value)")                                      (3 times)       ▣
strDict[b]=ろ

strDict[a]=い

strDict[c]=は


}
```

chapter
4-4

103

実習 辞書データ（Dictionary）を操作する

辞書データに、要素を追加する

要素を追加するには、［ ］の中にキーを設定して、値を設定します。

書式 辞書データに、要素を追加する

```
<辞書データ名>［<キー>］= <値>
```

37 辞書データに、要素を追加する

辞書データに要素を追加して、確認します。

```
var strDict5 = ["a":"い","b":"ろ"]      // 辞書データを作ります。      ["b": "ろ", "a": "い"]
strDict5["x"] = "は"                    // 要素を追加します。         "は"
print(strDict5["x"]!)                   // 追加した要素を表示します。   "は\n"
```

要素を削除する

指定したキーの要素を削除するには、removeValue( )を使います。

書式 要素を削除する

```
<辞書データ名>.removeValue(forKey: <キー>)
```

38 要素を削除する

キーが「b」の要素を削除します。

```
var strDict6 = ["a":"い","b":"ろ","c":"は"] // 辞書データを作ります。    ["b": "ろ", "a": "い", "c": "は"]
strDict6.removeValue(forKey: "b")           // 要素を削除します        "ろ"
print(strDict6)                             // 要素を確認します。       "["a": "い", "c": "は"]\n"
```

104　**Chapter 4**　Swiftを体験する：Playground

タプル（Tuple）

データの受け渡し時に複数のデータを扱うときは、［タプル(Tuple)］を使います。

複数のデータを並べて、まるごと受け渡しができます。異なるデータ型を並べて扱うこともできます。

実習 タプル（Tuple）の使い方

タプル（Tuple）を作る

タプルは、カンマ［,］で区切って並べた要素を、丸括弧( )で囲って作ります。

書式 タプルを作る

```
var ＜タプル名＞ ＝ （ ＜値1＞，＜値2＞，... ）
```

39 タプルを作る

整数だけのタプルと、整数と文字列の混ざったタプルを作ります。

```
let tuple1 = ( 1, 2, 3 )                  // 整数のタプル           (.0 1, .1 2, .2 3)
let tuple2 = ( 1000000, "東京都千代田区")   // 整数と文字列のタプル    (.0 1000000, .1 "東京都千代田…
```

chapter
4-4

105

タプル（Tuple）の値を調べる

タプルの各値を調べるときは、添え字をつけて指定します。

書式 タプルを調べる

```
<タプル名>.［添え字］
```

40 タプルを調べる

タプルを作って、添え字0、添え字1の値を表示します。

```
let tuple3 = ( 1000000, "東京都千代田区" )   // タプルを作ります。          (.0 1000000, .1 "東京都千代田…
print(tuple3.0)                             // 添え字0の値を表示します。      "1000000\n"
print(tuple3.1)                             // 添え字1の値を表示します。      "東京都千代田区\n"
```

複数の変数にデータを取り出す

タプル形式で複数の変数を用意しておくことで、それぞれの変数にそれぞれの要素を取り出すことができます。

書式 複数の変数に取り出す

```
var ( <変数名1>, <変数名2>, ... ) = ( <値1>, <値2>, ... )
```

41 複数の変数に取り出す

複数の変数にデータを取り出します。

```
let tuple4 = ( 1000000, "東京都千代田区" )   // タプルを作ります。          (.0 1000000, .1 "東京都千代田…
let (postcode, address) = tuple4            // 複数の変数に取り出します。
print(postcode)                             // 1つ目の値を表示します。       "1000000\n"
print(address)                              // 2つ目の値を表示します。       "東京都千代田区\n"
```

106 **Chapter 4** Swiftを体験する：Playground

タプル（Tuple）に要素名をつけて作る

タプルの各要素には名前をつけることができます。各要素の前に [:] で区切って要素名をつけます。調べるときは、要素名で指定することができるようになります。

書式 要素名をつけたタプル（Tuple）を変数に取り出す

```
var ＜タプル名＞ = ( ＜要素名1＞:＜値1＞, ＜要素名2＞:＜値2＞, ... )
```

42 要素名をつけたタプル（Tuple）を変数に取り出す

タプルの各要素には名前をつけることができます。各要素の前に［:］で区切って要素名をつけます。調べるときは、要素名で指定することができるようになります。

```
let tuple5 = ( postcode:1000000, address:"東京都千代田区")    (.0 1000000, .1 "東京都千代田…
                                      // タプルを作ります。
print(tuple5.postcode)                // 1つ目の値を表示します。    "1000000\n"
print(tuple5.address)                 // 2つ目の値を表示します。    "東京都千代田区\n"
```

タプルは、主に関数の返り値で使います。

※詳しくは Chapter 4-5 で解説します。

Chapter 4-5

仕事をまとめる：関数（メソッド）

ここでやること
- 関数を作って、呼び出す。
- 引数のある関数を作って、呼び出す。
- 戻り値のある関数を作って、呼び出す。

関数とは？

簡単なプログラムはいくつかの命令を並べて書くだけで作れますが、複雑なプログラムになってくると行数がかなり増えて来ます。長いプログラムになってくると、人間が読むときに意味がわかりにくくなったり、読み間違えてバグにつながったりします。
そこで、「ある仕事を行う命令のまとまり」で区切っていくことで、整理して考えることができるようになります。
「ある仕事を行う命令のまとまり」をブロック内に書いてまとめたものが［関数］です。

はてな？

関数とメソッドの違いは？

「ある仕事を行う命令のまとまり」は一般的に［関数］と呼ばれていますが、その中でもクラスが持っていて、外からアクセスできる関数のことを［メソッド］と呼んでいます。

［メソッド］も［関数］の一種なので、作り方や呼び出し方は同じです。
iPhoneアプリのプログラムでは、ほとんどがクラスの中に関数を書いて作っていきますので、ほとんどが［メソッド］だと呼んでいいでしょう。
本書では、「仕事を行う命令の集まり」という視点で考えるときは［関数］、「クラスが持っている仕事」という視点で考えるときは［メソッド］と呼んでいます。
※クラスについては、Chpater 4-7で解説します。

実習 関数の作り方と呼び出し方

関数を作ることを「定義する」といいます。

先頭に［func］と書いてから、「関数名」をつけて、関数を定義します。［func］とは、functionの略で「関数」という意味です。

書式 関数の定義

```
func <関数名>() {
    <行う仕事>
}
```

関数名は、自由につけることができますが、変数名や定数名と同じように「半角英数文字を使う」「予約語を使ってはいけない」というルールはあります。

使うときのことを考えて、見ただけでどのような動作を行うのかがすぐイメージしやすい関数名をつけます。

「addText」「loadFile」「setTitle」などのように「動詞+名詞」でつけることが一般的です。また、この動詞は、共通する動詞を使うことが多いようです。（関数名によく使われる動詞一覧をP.303のコラムにまとめています。）

関数を定義したら、呼び出して使います。呼び出すときは「関数名」を使います。

書式 関数の呼び出し方

```
<関数名>()
```

43 関数を作って、呼び出す

「『こんにちは』と表示する関数」を定義して、呼び出します。

```
func showHello1() {          // 関数を定義します。
    print("こんにちは")                              "こんにちは\n"
}
showHello1()                 // 関数を呼び出します。
```

引数

関数を呼び出すときに、呼び出し元から値を渡すことができます。

この「引き渡される値」のことを［引数］といいます。

呼び出された関数側では、［引数］を受け取って処理に使用します。

書式 関数の定義：引数がある場合

```
func <関数名>( <引数名1>：<型1>, <引数名2>：<型2>, <引数名3>：<型3>, ... ) {
    <行う仕事>
}
```

書式 関数の呼び出し方：引数がある場合

```
<関数名>( 引数名1：<引数2>, 引数名2：<引数2>, 引数名3：<引数2>, ... )
```

44 引数のある関数を作って、呼び出す

名前を渡すと、名前付きでこんにちはと表示する関数を作って、呼び出してみましょう。

```
func showHello2(name:String) {        // 関数を定義します。
    print("\(name)さん、こんにちは")                        "Appleさん、こんにちは\n"
}
showHello2(name: "Apple")             // 関数を呼び出します。
```

身長、体重を渡すと、BMI値を計算する関数を作って、呼び出してみましょう。

```
func calcBMI(height:Float, weight:Float) {   // 関数を定義します。
    let heightM = height / 100.0                          1.71
    let BMI = weight / (heightM * heightM)               22.05807
    print("BMI値は\(BMI)です")                           "BMI値は22.0581です\n"
}
calcBMI(height:171.0,weight:64.5)            // 関数を呼び出します。
```

110 **Chapter 4** Swiftを体験する：Playground

戻り値

関数が終了して呼び出し元へ戻るとき、呼び出し元へ値を戻す（値を返す）ことができます。この「戻される値」のことを［戻り値］と言います。

関数から戻るときには、return文を使います。このreturnの後ろに［戻り値］を指定します。

書式 戻り値が1つの関数の定義

```
func <関数名>( <引数名> : <型> ) -> <戻り値の型> {
    <行う仕事>
    return 戻り値
}
```

書式 戻り値の受け取り方

```
let <定数名> = <関数名>( <引数> )
```

45 戻り値のある関数を作って、呼び出す

名前を渡すと、挨拶付きの文字を返す関数を作って、呼び出してみましょう。

```
func returnHello(name:String) -> String {  // 関数を定義します。
    let message = "\(name)さん、こんにちは"                    "Appleさん、こんにちは"
    return message                                            "Appleさん、こんにちは"
}
let hello = returnHello(name: "Apple")      // 関数を呼び出します。  "Appleさん、こんにちは"
```

returnの後ろには、値は1つしか指定できませんが、タプルを使うと複数の戻り値を返すこともできます。

書式 戻り値が複数ある関数の定義

```
func <関数名>( <引数名> : <型> ) -> ( <戻り値の型1> , <戻り値の型2>,...) {
    <行う仕事>
    return (<戻り値1>,<戻り値2>,...)
}
```

書式 複数ある戻り値の受け取り方

```
var <タプル名> = <関数名>( <引数> )
```

46 複数の戻り値がある関数を作って、呼び出す

消費税計算をする関数を作ってみましょう。本体価格を渡したら、消費税と税込価格の2つの値が返ってくる関数です。複数のデータが返ってくるので、タプルでデータを受け取ります。

```swift
func calcTax(price:Double) -> (Double, Double) {   // 消費税計算をする関数です。
    let tax = price * 0.08                          // 消費税を計算します。          24
    let includingtax = price * 1.08                 // 税込価格を計算します。        324
    return (tax, includingtax)       // (消費税額, 税込価格)の並びで値を返します。 (.0 24, .1 324)
}
let (tax, includingtax) = calcTax(price: 300)       // 関数を呼び出します。
//  (消費税額, 税込価格)の並びで値を受け取ります。
print("消費税額は\(tax)円")                          // 消費税額を表示します。   "消費税額は24.0円)\n"
print("税込価格は\(includingtax)円")                 // 税込価格を表示します。   "税込価格は324.0円\n"
```

Chapter 4-6

安全機能：オプショナル型

ここでやること
- オプショナル型の変数を作る。
- 引数のある関数を作って、呼び出す。

実習 変数にnilが入ると危険！：Xcodeのチェック機能

データには、[nil（ニル）] という [値のない状態] があります。[nil] は0（ゼロ）ではなく、値を入れる以前の不明な状態なのです。

変数にこの [nil] が入った状態で計算したり処理をすると、アプリを実行させたときクラッシュして落ちてしまいます。コンピュータは「正常な値が入っているはず」と思って処理を行っていますが、その値が正常でなければ処理も正常に行われなくなり、アプリが落ちてしまうことになるのです。

そこでXcodeでは、変数や定数に [nil] が入るプログラムを書こうとすると、エラーを出して警告するようにしました。プログラミング中にチェックして、アプリの実行時にクラッシュする危険性を減らすためです。

『変数にnilが入るプログラムを書こうとするとエラーが出る』

47 変数にnilを入れるテスト

変数にnilを入れるとエラーが出ます。

```
var testInt1 = 100    // 変数を作ります
testInt = nil         // エラーが出ます
```
🛑 Use of unresolved identifier 'testInt'

nilが入る場合もあるかも：オプショナル型

しかし、プログラムによっては［nil］が入ってしまう場合も考えられます。
理論上でプログラムを作っているときは完璧と考えていても、アプリとして実行すると「現実の世界が影響」してきてしまうからです。
「ユーザーに、年齢を入力してくださいと言ったのに、空の返事をされた」とか
「サーバーに、データの問い合わせをしたのに、サーバーがダウンしていた」とか
「保存したデータファイルを読もうと思ったら、データが壊れていた」など、現実の世界では「理想的でない状況」が起こります。いくらプログラマーが絶対nilが入らないようにと考えていても、外的要因でnilが入ってしまう可能性があるのです。

そこで、Swiftは、

　　　『いちおう正しいデータのはずだけれど、
　　　　　　nilが入る可能性があるので注意してお使いください』

という値を用意しました。それが［オプショナル型］です。

114　Chapter 4　Swiftを体験する：Playground

オプショナル型の変数を作る：ラップする

［オプショナル型］の変数を作るときは、型名の後ろに［?］をつけます。
これを「オプショナル型でラップする」といいます。［ラップ］とは包むという意味です。プレゼント包装することをラッピングと言ったりしますよね。
「nilが入っているかも知れない値」はそのまま触って計算するとアプリがクラッシュして危険です。
そこで、「オプショナル型で包んで」安全な状態にするわけです。
万が一、nilが入っていたとしても包まれているのでアプリがクラッシュしないのです。

『オプショナル型：アプリがクラッシュするのを防ぐ安全機能』

この中にnilが入る場合があるかも？
使う人は、nilかチェックして使うこと

オプショナル型の変数を作る

オプショナル型の変数を作るには、型名の後ろに［?］をつけて作ります。
オプショナル型の変数にすれば、nilが入ってもエラーは出なくなります。

> **書式** オプショナル型の変数を作る：ラップする
>
> var ＜変数名＞:＜型＞? = ＜nilが入るかもしれない値＞

48 オプショナル型の変数にnilを入れるテスト

オプショナル型の変数にnilを入れるとエラーは出ません。

```
var testInt3:Int? = 10      // 一応Int型だけど、nilが入ることがあるかも？
var testInt4:Int = testInt3 // エラーが出ます  ⊙ Value of optional type 'Int?' not u...
```

ラップされた変数を使う

オプショナル型の変数は、「nilが入っているかも知れない」ので取り扱いには注意が必要です。
オプショナル型の変数をそのまま別の普通の変数に入れて作ろうとしたら、エラーになります。新しい変数にもnilが入る可能性が出てくるからです。

49 オプショナル型の変数を他の変数に入れるテスト

オプショナル型の変数を作って、そのまま普通の変数に入れようとするとエラーが出ます。

```
var testInt3:Int? = 10        // 一応Int型だけれど、nilが入ることがあるかも?
var testInt4:Int = testInt3   // エラーが出ます（nilが入る可能性があるためです）
        Value of optional type 'Int?' not unwrapped; did you mean to use '!' or '?'?
```

そこで、オプショナル型の変数を使って別の変数を作るときは、新しい変数もオプショナル型にします。
「nilが入る可能性のある変数」は、どこまで行ってもnilが入る可能性があるからです。

50 オプショナル型の変数を他のオプショナル型の変数に入れるテスト

オプショナル型の変数を作って、オプショナル型の変数に入れるとエラーは出ません。

```
var testInt5:Int? = 10        // 一応Int型だけれど、nilが入ることがあるかも?      10
var testInt6:Int? = testInt5  // エラーが出ません（入れる変数もオプショナル型です）  10
```

オプショナル型の変数から値を取り出す方法

オプショナル型でラップされた変数は、そのまま計算に使ったり、処理に使ったりすることはできません。
安全のためにオプショナル型にラッピングされているので、使うときは「包みから取り出す」必要があります。

51 オプショナル型の変数をそのまま計算するテスト

オプショナル型の変数はラッピングされているので、そのまま計算することはできません。

```
var testInt7:Int? = 10        // 一応Int型だけど、nilが入ることがあるかも？
var answer7 = testInt7 + 20   // ラッピングされてるので計算できない  🛑 Value of o...
```

オプショナル型の変数から値を取り出す方法はいくつかあります。
そのうちの4つを見てみましょう。

①絶対大丈夫！ だから強制的に値を取り出す：アンラップ

一番簡単な方法が「アンラップ」です。
オプショナル型の変数の後ろに[！]をつけて、強制的に包みから取り出すことを「アンラップする」といいます。アンラップして取り出した値は、普通の変数として計算したり、処理に使ったりできるようになります。

簡単な方法ですが、強引な方法なので注意が必要です。「とにかく包みを開けてくれ！」と命令しているようなものだからです。もしもnilが入っていたら、アプリはクラッシュしてしまいます。
確実に値がnilでないことを保証できる場合にだけ使いましょう。

書式 アンラップして、値を取り出す

<オプショナル型の変数名>！

52 アンラップして、値を取り出す

オプショナル型の変数を、アンラップして取り出すと、計算できるようになります。

```
var testInt8:Int? = 10        // 一応Int型だけれど、nilが入ることがあるかも？   10
var answer8 = testInt8! + 20  // アンラップ！したので計算できます。              30
```

②絶対大丈夫！ だからアンラップ型変数に入れて、値を取り出す

アンラップに似た方法で、「強制的に変数に取り出す」という方法があります。
「暗黙的なアンラップ型の変数」といって、変数を作るとき、型名の後ろに ［！］ をつけて作る特別な変数です。この「アンラップ型の変数」に「オプショナル型の変数」の値を入れると、強制的に包みから取り出されて入るのです。
その後は、普通の変数として計算したり、処理に使ったりできます。

これも強引な方法なので注意が必要です。「とにかく包みを開けて、この変数に入れてくれ！」と命令しているようなものだからです。確実に値がnilでないことを保証できる場合にだけ使いましょう。

書式 暗黙的なアンラップ型の変数を作る

```
var ＜変数名＞:＜型＞！ = ＜オプショナル型の変数名＞
```

53 アンラップ型変数に入れて、値を取り出す

オプショナル型の変数を、暗黙的なアンラップ型に入れて計算します。

```
var testInt9:Int? = 10          // 一応Int型だけれど、nilが入ることがあるかも？   10
var testInt10:Int! = testInt9   // 暗黙的アンラップの変数に値を入れます            10
var answer10 = testInt10 + 20   // 暗黙的アンラップ型なので計算できます。           30
```

118   **Chapter 4**   Swiftを体験する：Playground

③もしも、nilでなかったら値を取り出す：オプショナルバインディング

アンラップやアンラップ型変数を使う方法は、強引な方法でした。そこで、ちゃんとnilでないことをチェックする方法を見てみましょう。[オプショナルバインディング（Optional Binding）] という、ifとletを使う方法です。

これは、「オプショナル型の変数から値を定数に取りだしてみて、nilでなければif文のブロック内で使う」という方法です。if文のブロック内ではnilでないことがチェック済みなので、取りだした値をそのまま計算や処理に使うことができます。

書式 オプショナルバインディングで、値を取り出す

```
if let <一時的な定数名> = <オプショナル型の変数名> {
    <取り出した値を使って行う仕事>
}
```

54 オプショナルバインディングで、値を取り出す

オプショナル型の変数を、オプショナルバインディングで値を取り出して、計算します。

```
var testInt11:Int? = 10      // 一応Int型だけど、nilが入ることがあるかも?        10
if let temp = testInt11 {    // オプショナルバインディングで値を取り出し
    let ans = temp + 30      // nilでなければ計算できます                        40
    print(ans)                                                                 "40\n"
}
```

④もしnilだったら追い返す：guard

nilでないことをチェックするもう1つの方法として [ガード（guard）] があります。
[if let] では、取りだした値を、if文のブロックの中だけでしか使うことはできませんでした。これを、もっと広い範囲で使えるようにしたのが [ガード（guard）] です。
[ガード（guard）] は、関数（メソッド）で使うことを前提とした命令で、条件を満たさなければ処理の入り口で追い返すという、門番（ガードマン）のような命令です。

guard文で「ちゃんと値が入っているかのチェック」を行えば、guard文を通過した後は安全なので、取りだした値をそのまま計算や処理に使うことができます。

119

書式 ガード (guard) で、値を取り出す

```
func ＜関数名＞(＜オプショナル型の変数名＞) {
    guard let ＜取り出す定数名＞ = ＜オプショナル型の変数名＞ else {
      return
    }
    ＜取り出した値を使って行う仕事＞
}
＜関数名＞(＜オプショナル型の変数＞)
```

55 guardで、値を取り出す

オプショナル型の変数を、guardで値を取り出して、計算します。

```
func testGuard(testValue:Int?) {      // オプショナル型の引数で関数を作ります。
    guard let temp = testValue else {  // ちゃんと値が入っているかのチェック
        return                         // nilだったら関数から追い返す
    }
    print(temp+30)                     // 通過できたら、計算できます        "50\n"
}
var testInt12:Int? = 20                // nilが入ることがあるかも?          20
testGuard(testValue: testInt12)        // ガード処理付き関数を呼びます。
```

Chapter 4-7

オブジェクト指向で動かす：クラス

ここでやること
- クラスを作って動かす。
- スイッチクラスを利用して、カスタマイズする。

オブジェクト指向は、アプリを作る考え方

これまでは「データの扱い方」や「制御の方法」など、命令文ひとつひとつの視点で見てきました。次は、「アプリの構造」というもう少し広い視点で見てみましょう。Swiftは「オブジェクト指向」という考え方のプログラミング言語です。

オブジェクトを組み合わせて作ります

「オブジェクト指向」とは、「プログラムは、オブジェクト（部品）の組み合わせで作る」という考え方です。アプリの中身は、プログラムが長々と並んでいるだけではなく、いろいろな部品がブロックのように組み合わさってできています。

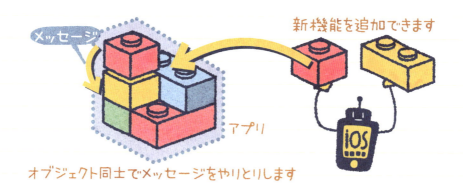

例えば、「ボタンを押したら、ラベルに文字を表示する画面」を作る場合、「ボタン」と「ラベル」と「画面のコントローラー」の3つの部品で作ります。

「ボタン」は、押されたら「画面のコントローラー」に押されたことを連絡するだけの仕事をします。

「画面のコントローラー」では、ボタンから連絡があったらラベルに文字を表示するように連絡するだけの仕事をします。

「ラベル」は、連絡があったらその文字を表示するだけの仕事をします。

このように、部品はそれぞれ単純な仕事をするだけで、部品同士が連絡し合うことでシステム全体としていろいろな仕事を行っていける考え方が「オブジェクト指向」なのです。
「オブジェクト指向」という名前は「現実世界のモノを真似た考え方」というところからつけられた名前です。「プログラムの骨組みを現実世界に真似て作る」ことで、人間が自然に理解しやすいプログラムになることを目指した言語なのです。

　　　　『オブジェクト指向は、現実世界を真似てわかりやすくした考え方』

オブジェクトは、クラスという設計図で作る

オブジェクトは［クラス］という「オブジェクトの設計図」で作ります。
「クラス（設計図）の作り方」はシンプルです。
「オブジェクトの状態」と「オブジェクトにできる仕事」を決めていくのです。
「オブジェクトの状態」のことを［プロパティ］といい、「オブジェクトにできる仕事」のことを［メソッド］と言います。

プロパティ：部品の状態のデータ
メソッド　：部品にできる仕事

プログラムの実行時には、この［クラス］から、必要な数だけ「オブジェクトそのもの」を作り出

してアプリを組み立てて行きます。［クラス］は「オブジェクトの設計図」なので、同じ機能を持つオブジェクトを好きなだけ作り出すことができるのです。

『クラスは設計図。オブジェクトは実際に動くもの』

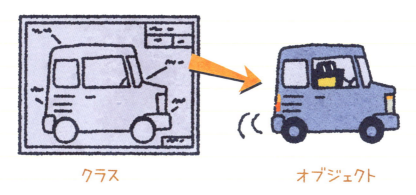

クラス　　　　　　　　オブジェクト

クラスの作り方

クラスを作ることを「定義する」といいます。先頭に［class］と書いて定義して、そのブロックの中に［プロパティ］や［メソッド］について記述していきます。

［プロパティ］とは、オブジェクトの状態のことで、具体的にはクラスの中で宣言した［変数］や［定数］です。
［メソッド］とは、オブジェクトにできる仕事のことで、具体的にはクラスの外から呼び出せる［関数］です。

［変数］や［定数］や［関数］はこれまで学習してきましたね。それを、クラスのブロックの中に書くだけで、クラスのプロパティやメソッドとして機能するのです。

書式 クラスの定義

```
class ＜クラス名＞ {
    // プロパティ
    var ＜変数名＞ = ＜値＞

    // メソッド
    func ＜関数名＞() {
        ＜行う処理＞
    }
}
```

実習 オブジェクトの作り方

プログラムの実行時には、クラスから「オブジェクト」を作り出して使います。

[クラスの名前自体] が、オブジェクトを作り出すメソッドにもなっています。オブジェクトを作る命令の戻り値が「作り出されたオブジェクト」なのです。

書式 クラスからオブジェクトを作る

```
var <オブジェクト名> = <クラス名>()
```

オブジェクトのプロパティにアクセスするときは、「<オブジェクト名>.<プロパティ名>」でアクセスします。

書式 オブジェクトのプロパティにアクセスする

```
<オブジェクト名>.<プロパティ名>
```

オブジェクトのメソッドを呼び出すときは、「<オブジェクト名>.<メソッド名>」で呼び出します。

書式 オブジェクトのメソッドを呼び出す

```
<オブジェクト名>.<メソッド名>()
```

例として、「消費税計算をするクラス」を作ってみましょう。

「消費税計算をするクラス」には、「本体価格（プロパティ）」と、「消費税額の計算処理（メソッド）」と「税込価格の計算処理（メソッド）」を用意します。
計算を行うときは、「消費税計算をするオブジェクト」を作り、本体価格をプロパティに設定します。

あとは、消費税額の計算メソッドと、税込価格の計算メソッドをそれぞれ実行すると、値が求まります。

124　**Chapter 4**　Swift を体験する：Playground

56 消費税計算をするクラスを作る

「消費税計算をするクラス」を作ります。本体価格を300円と設定して、消費税と税込価格を取りだして表示させてみましょう。

```
class calcPrice {                        // 消費税計算をする部品のクラス
    var price:Double = 0                 // プロパティ：本体価格

    func getTax() -> Double {            // メソッド：消費税額を計算
        return price * 0.08                                            24
    }
    func getIncludingTax() -> Double {   // メソッド：税込価格を計算
        return price * 1.08                                            324
    }
}
let apple = calcPrice()                  // 消費税計算をする部品を作ります。    calcPrice
apple.price = 300                        // リンゴの本体価格を設定します。      calcPrice
print("消費税は\(apple.getTax())円)")     // リンゴの消費税額を表示します。      "消費税は24.0円)\n" ▣

   消費税は24.0円)

print("税込価格\(apple.getIncludingTax())円") // リンゴの税込価格を表示します。   "税込価格324.0円\n" ▣

   税込価格324.0円
```

アプリの部品を利用する

クラスは自分で作ることもできますし、すでにあるクラスを利用することもできます。
iPhoneアプリによく登場する「スイッチ」を利用してみましょう。

iPhoneアプリの部品はアプリの画面に並べないと見ることはできないのですが、Playgroundでは確認するための特別なボタンが付いています。サイドバーの一番右の○をクリックしてみましょう。作ったスイッチがPlayground上に表示されます。
スイッチは［isOn］というプロパティで、オンオフを切り換えることができます。isOnを［true］にしてみましょう。

57 クラスで、スイッチを作る

スイッチのクラスでスイッチを作り、プロパティでオンに切り換えてみましょう。

```
let switch1 = UISwitch()        // スイッチオブジェクトを作ります。        UISwitch   ▣

switch1.isOn = true                                                       UISwitch   ▣
```

実習 クラスの［継承］と［オーバーライド］

クラスは、別のクラスを改造して作ることができます。これを［継承］といいます。

元になるクラスを［親クラス］と言い、親クラスが持っているプロパティやメソッドをそのまま使ったり、そのプロパティやメソッドを改造したりすることができます。継承を利用することで「ほとんど同じようだけれど、改造を加えた独自クラス」を簡単に作ることができるわけです。

親クラスのメソッドを利用して改造することを［オーバーライド］するといい、先頭に［override］をつけてメソッドを作ります。「親クラスのメソッド名と同じメソッド名」をつけることで、そのメソッドを上書き（オーバーライド）して、同じメソッド名でありながら別の処理をさせることができるのです。

書式 継承して、オーバーライドする

```
class ＜クラス名＞:＜親クラス名＞ {
    override func ＜オーバーライドするメソッド名＞() {
        ＜上書きして改造する処理＞
    }
}
```

『オーバーライドとは、親クラスのメソッドを、
子クラスが上書きしてカスタマイズすること』

126　**Chapter 4**　Swift を体験する：Playground

例えば、iPhoneアプリのスイッチを継承して、独自のスイッチを作ってみましょう。スイッチは緑色ですが、これを赤色にしてみます。

まずは、UISwitchクラスを継承して独自クラスを作ります。

UIKitは特別なので継承するときに「required init?(coder aDecoder: NSCoder)」というメソッドが必要なので追加します（※UIKitについてはChapter 5で解説します）。

スイッチを初期化するときに呼ばれるメソッドは［init(frame: CGRect)］です。このメソッドをオーバーライドして、スイッチを初期化するときに赤色にします。

ただし、スイッチの初期化は重要な命令です。全てを上書きしてしまったら、そもそものスイッチの初期化ができなくなります。initメソッドの中で、［super.init( )］メソッドは初期化に重要な命令なので、最初に実行しておきます（［super］というのは［親］という意味です）。

親クラスのスイッチの初期化が終わった後に、赤色に変える命令を実行します。部品の色は［onTintColor］で指定します。

あとは、この独自クラスを使ってスイッチオブジェクトを作れば、赤いスイッチができあがります。

58 オーバーライドで、スイッチをカスタマイズする

UISwitchクラスを継承した独自クラスを作り、赤いスイッチにカスタマイズしてみましょう。

```swift
class mySwitch: UISwitch {   // スイッチクラスをオーバーライドしてカスタマイズします。
    // UIKitを継承するときに必要な行です。
    required init?(coder aDecoder: NSCoder) {
        fatalError()
    }
    // 初期化するときに呼ばれるinitをカスタマイズします。
    override init(frame: CGRect) {
        // このスイッチを初期化するときに親が行う処理です。
        super.init(frame: frame)
        // 親の初期化が終わったら、スイッチの色を赤に変更します。
        self.onTintColor = UIColor.red
    }
}
let switch2 = mySwitch()              // カスタマイズしたスイッチを作ります。        mySwitch  ▣


switch2.isOn = true                   // オンにすると赤いスイッチになります。       mySwitch  ▣
```

127

すべてのオブジェクトは「何かのきっかけ」で動く： イベントメソッド

「オブジェクト指向」で重要なポイントは、もう1つあります。

それは「すべてのオブジェクトは、何かのきっかけで動く」ということです。

アプリには、「アプリ特有のきっかけ」があります。「画面が表示される直前」とか「画面が切り替わるとき」とか「ボタンが押されたとき」とか、「アプリに何かが起こったときにオブジェクトが動く」というしくみでできているのです。

これを［イベントメソッド］といいます。

主な［イベントメソッド］を見てみましょう。

画面に関するイベントメソッド

viewDidLoad	画面の準備をしているとき（初回に1回のみ） データの初期化など、その画面で使うデータの準備を記述します。
viewWillAppear	画面を表示する直前（毎回） 表示データの準備など、画面が表示するデータの準備を記述します。
prepare(for segue)	画面が切り替わるとき データの受け渡しなど、画面が切り替わる前に行う仕事を記述します。

部品に関するイベントメソッド（アクション）

ボタン< Touch Up Inside >	ボタンが押されたとき ボタンが押されたときに行う仕事を記述します。
スイッチ< Value Changed >	スイッチが押されたとき 表示データの準備など、画面が表示するデータの準備を記述します。
スライダー< Value Changed >	スライダーが操作されたとき スライダーが操作されたときに行う仕事を記述します。
テキストフィールド< Did End On Exit >	リターンキーが押されたとき テキストフィールドの入力が終わったときに行う仕事を記述します。

128　**Chapter 4**　Swiftを体験する：Playground

Chapter 5

部品の使い方：
UIKit

この章でやること

● アプリの画面作りにかかせないUIKitを理解しましょう。

● 簡単なアプリを作って、UIKitを使ったアプリの作り方を体験します。

● UIKitにはいろいろな種類がありますので、いくつか紹介します。

Chapter 5-1

UIKitってなに？

UIKitは、画面に並べる部品

それでは、アプリを作る部品について見ていきましょう。

iPhoneアプリは［UIKit］という部品を使って作ります。アプリに登場するボタンや、スイッチや、スライダーなどは、すべて［UIKit］と呼ばれ、ライブラリペインに並んでいます。

UIKitのUIとは、User Interface（ユーザーインターフェイス）のことです。つまりUIKitとは、アプリの画面を作るユーザーインターフェイスのキットという意味です。

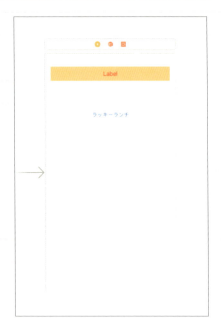

ユーザーインターフェイスには役割が2つあります。それは、「アプリ内の情報をユーザーに見せること」と「ユーザーの操作をアプリに伝えること」です。
例えば、スイッチは、アプリの情報がオンなのかオフなのかをユーザーに見せています。
それと同時に、ユーザーが操作することもできて、その操作をアプリに伝えるための部品でもあるのです。
「アプリ内の情報をユーザーに見せるとき」に使うのが、「IBOutlet」です。
「ユーザーの操作をアプリに伝えるとき」に使うのが、「IBAction」です。

スイッチ

Chapter 5-2

UIKitアプリを作ろう【画面デザイン編】

ここでやること
- 画面に部品を配置する。
- 部品の調整をする。
- AutoLayout設定をする。

実習 UIKitでアプリを作ろう！

それでは、UIKitの使い方を体験するために、簡単なアプリを作ってみましょう。

[難易度] ★☆☆☆☆

どんなアプリ？
ボタンを押すと、今日のお昼に何を食べたらいいかを提案してくれるアプリ、です。

作ってみます

アプリのしくみ

アプリは「ボタンが押されたら、文字列をランダムに表示する」というしくみです。

①アプリの画面には、ラベルとボタンがあります。

②ボタンがタップされたら、文字列をランダムに決めて、ラベルに表示します。この文字列がいろいろなランチメニューになっているので、今日のお昼に何を食べたらいいかを教えてくれるアプリになるというわけです。

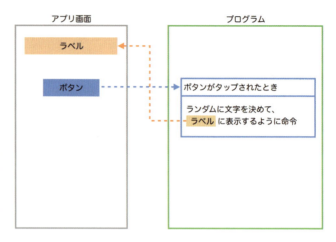

実習 アプリの画面を作る

アプリは、「画面作り」と「プログラミング」の2段階で作ります。
まずは「画面」から作っていきます。画面に「ラベル」と「ボタン」を配置して、AutoLayoutの自動設定を行います。

1 新規プロジェクトを作る

[Create a new Xcode project]ボタンをクリックして新規プロジェクトを作ります。

2 テンプレートを選ぶ

[Single View App] を選択して、[Next] ボタンをクリックします。

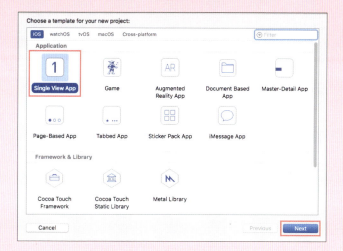

3 プロジェクトの初期設定をする

プロジェクト名は、「LuckyLunch」にしましょう。基本情報を以下のように入力して、右下の [Next] ボタンをクリックし、プロジェクトの保存先を選択して [Create] ボタンをクリックします。

- Product Name：LuckyLunch
- Team：None
- Organization Name：myname
- Organization Identifier：com.myname
- Language：Swift
- Use Core Data：オフ
- Include Unit Tests：オフ
- Include UI Tests：オフ

chapter
5-2

133

4 インターフェイスビルダーに切り換える

ナビゲータエリアで［Main.storyboard］ファイルを選択すると、インターフェイスビルダーが表示されます。

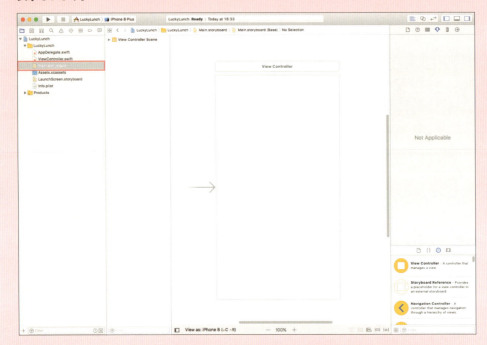

5 ラベルを配置する

ライブラリペインから、画面の上の方へ［Label］をドラッグ＆ドロップして配置します。ガイドラインが出るので、左に合わせて置きます。

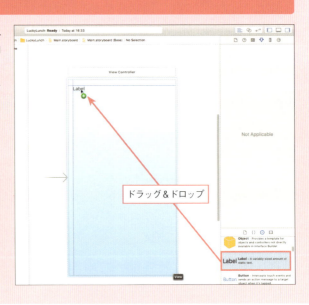

6 ラベルの大きさを変更する

配置したラベルの右下をドラッグして大きさを変更します。右のガイドラインまで広げましょう。

7 ラベルの色や配置を変更する

ラベルを選択して［アトリビュート・インスペクタ］でラベルの表示を調整できます。
［Color］で文字の色を変更できます。［Alignment］で中央寄せにすることができます。

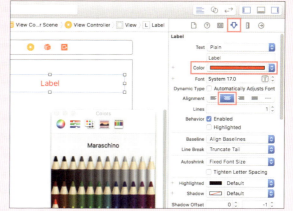

［アトリビュート・インスペクタ］の下の方にある［Background］で、背景色を変更できます。

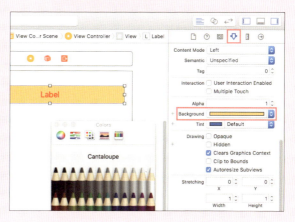

8 ボタンを配置する

ライブラリペインから、[Button] をドラッグ＆ドロップして配置します。ガイドラインが出るので、中央に合わせて置きます。

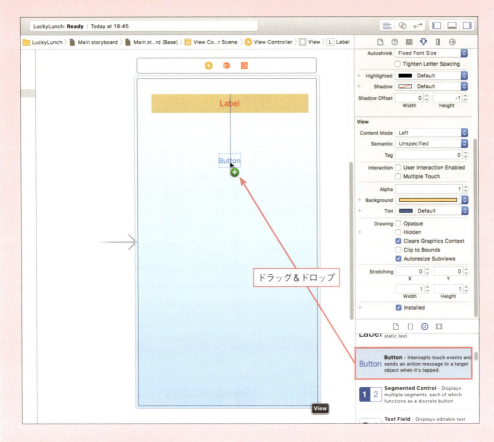

文字をダブルクリックして、「ラッキーランチ」に変更しましょう。

9 ラベルのAutoLayoutを設定する

ラベルを「画面上端に、幅に合わせて伸び縮みして表示させる」ように設定してみましょう。[Add New Constraints]ボタンを選択して、[Add New Constraints]ダイアログを表示します。
「上からの距離」「右からの距離」「左からの距離」を実線にして、「Height」にチェックを入れ、[Add 4 Constraints]ボタンをクリックします。

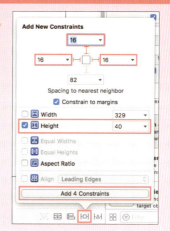

10 ボタンのAutoLayoutを設定する

ボタンを「ラベルの下に、中央寄せで表示させる」ように設定してみましょう。[Align]ボタンを選択して、[Add New Alignment Constraints]ダイアログを表示します。
[Horizontally in Container]にチェックを入れ、[Add 1 Constraint]ボタンをクリックします。

[Add New Constraints]ボタンを選択して、[Add New Constraints]ダイアログを表示します。
「上からの距離」を実線にして、[Add 1 Constraint]ボタンをクリックします。

これで、AutoLayoutの設定
ができました。横に倒しても、
レイアウトが自動的に変わる
ことがわかります。

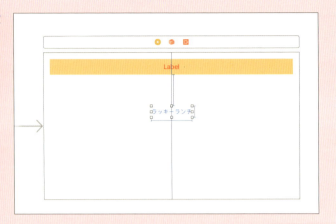

11 Runで確認する

それでは、ここまで作ったも
のを確認してみましょう。
[Run] ボタンをクリックして、
実行です。
でも「画面ができただけ」な
ので、まだボタンを押しても
何も動きません。

138　Chapter 5　部品の使い方：UIKit

Chapter 5-3

UIKitでアプリを作ろう【プログラム編】

ここでやること
- ラベルやボタンをプログラムと接続する。
- プログラムを記述する。

実習 画面とプログラムを接続する

部品とプログラムを接続しましょう。ボタンが押されたらプログラムが実行されて、そのプログラムからラベルへ命令するので、IBOutlet接続とIBAction接続を行います。

12 アシスタントエディターに切り換える

ツールバー右上の［アシスタントエディター］ボタンを押して、アシスタントエディターに切り換えます。

ツールバー右上の［Utility（ユーティリティ）］ボタンをクリックして、少し広げましょう。

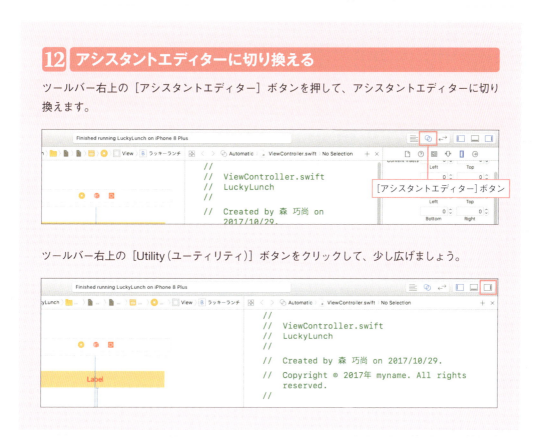

13 ラベルをプログラムに接続する

ラベルを右クリック（control + クリック）してドラッグして線を伸ばし、右に表示された[ViewController.swift]の「class ViewController」の次の行にドロップします。

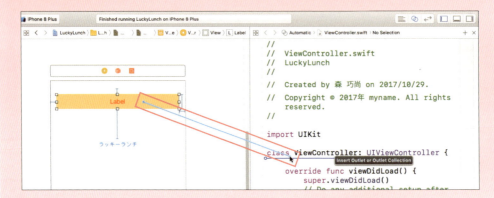

接続のパネルが現れるので、ラベルの名前を設定しましょう。[Name]にラベルの名前を入力します。「myLabel」と入力して[Connect]ボタンをクリックします。

14 ボタンをプログラムに接続する

ボタンを右クリック（control + クリック）してドラッグして線を伸ばし、右に表示された[ViewController.swift]の「class ViewController」の次の行にドロップします。

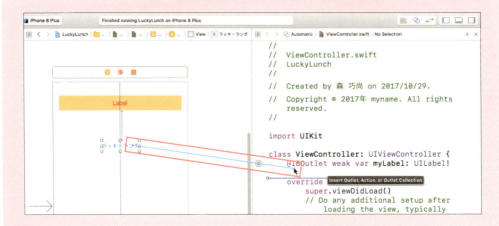

140　Chapter 5　部品の使い方：UIKit

接続のパネルが現れるので、「ボタンを押したときにする仕事」を設定しましょう。
まず［Connection］を［Action］に変更してから、［Name］にボタンのメソッド名を入力します。「tapButton」と入力しましょう。
［Event］は［Touch Up Inside］になっていると思います。確認できたら［Connect］ボタンをクリックします。

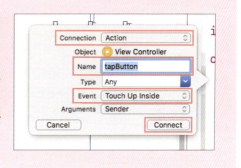

実習 プログラムを作る

画面ができて、画面とプログラムをつなぐことができました。
それでは、プログラムを入力していきましょう。

15 スタンダードエディターに切り換える

ツールバー右上の［スタンダードエディター］ボタンを押して、スタンダードエディターに切り換えます。

16 ソースエディターに切り換える

ナビゲータエリアで［ViewController.swift］ファイルを選択して、ソースエディターに切り換えます。

17 プログラムを入力する

プログラムを入力しましょう。
「ボタンがタップされたとき」に実行されるのが、アシスタントエディターで作った「tapButton」なので、この場所にプログラムを追加します。
「ラッキーランチに使う昼食名を配列で用意しておきます。ランダムな番号を決めて、それに対応する文字をラベルに表示する命令を行う」のです。
以下の場所に、プログラムを追加してください。

```swift
class ViewController: UIViewController {
    @IBOutlet weak var myLabel: UILabel!

    @IBAction func tapButton(_ sender: Any) {
        let items = ["弁当","パン","カレー","パスタ","うどん"]
        let r = Int(arc4random()) % items.count
        myLabel.text = items[r]
    }
    override func viewDidLoad() {
```

18 Runで確認する

[Run] ボタンをクリックして、実行してみましょう。

確認

[ラッキーランチ] ボタンをタップするたびにいろんな昼食の名前が表示されるか確認しましょう。
これでアプリは完成です！

Chapter 5-4

UILabel

UIKitにはいろいろな部品が用意されています。
これから、主な部品について見ていきましょう。

文字を表示するのにつかいます

UILabel（ラベル）は、一番よく使う部品です。「ちょっとした文字を表示するとき」に使います。

文字や、文字の装飾を設定できます。
表示するだけの部品ですので、ユーザーが触って操作することはできません。

アトリビュート・インスペクタで設定

Text	文字
Color	文字の色
Font	フォントの種類とサイズ
Alignment	文字の配置
Lines	最大行数

プロパティで設定

text: String?

表示する文字を設定します。

書式

```
＜ラベル名＞.text = ＜文字列＞
```

例

```
01  myLabel.text = "こんにちは"
```

textColor: UIColor!

文字の色を設定します。

書式

```
＜ラベル名＞. textColor = ＜色＞
```

例

```
01  myLabel.textColor = UIColor.blue
```

backgroundColor: UIColor!

背景色を設定します。

書式

```
＜ラベル名＞. backgroundColor = ＜色＞
```

例

```
01  myLabel.backgroundColor = UIColor.yellow
```

144　**Chapter 5**　部品の使い方：UIKit

textAlignment: NSTextAlignment

配置方法を設定します。

書式

```
<ラベル名>.textAlignment = <配置方法>
```

中央寄せ	NSTextAlignment.center
左寄せ	NSTextAlignment.left
右寄せ	NSTextAlignment.right

例

```
01  myLabel.textAlignment = NSTextAlignment.center
```

font: UIFont!

フォントやサイズを設定します。

書式

```
<ラベル名>.font = <フォント>
```

例

```
01  myLabel.font = UIFont.systemFont(ofSize: 20)
```

Chapter 5-5

UIButton

押して何かをする部品です

UIButton（ボタン）は、「ユーザーが押して何かをするとき」に使います。

ユーザーがボタンをタップするとイベントが発生して、ボタンに接続されたメソッドが実行されます。

アトリビュート・インスペクタで設定

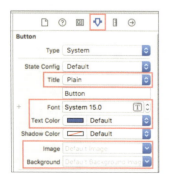

Title	ボタンの文字
Font	フォントの種類とサイズ
Text Color	文字の色
Image	ボタンに表示する画像
Background	ボタン背景の画像

プロパティで設定

isEnabled:Bool

有効、無効を設定します。

書式

```
＜ボタン名＞.isEnabled = ＜true/false＞
```

例

```
01  myButton.isEnabled = true
```

イベントメソッド

Touch Up Inside

アシスタントエディターで接続したとき、[Action] の [Event] で [Touch Up Inside] を選択すると、ボタンがタップされたときに、メソッドが実行されるようになります。

Chapter 5-6

UISwitch

UISwitch（スイッチ）は、「ユーザーにオンかオフかを選択させるとき」に使います。

オン、オフを切り換えるスイッチです。

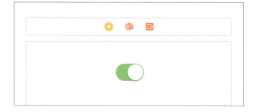

アトリビュート・インスペクタで設定

Value	On/Off の状態
On Tint	On 時の背景色
Thumb Tint	つまみの色

148　Chapter 5　部品の使い方：UIKit

プロパティで設定

isOn: Bool

オン、オフの設定をしたり、確認したりできます。

書式

```
<スイッチ名>.isOn = <true/false>
```

例

```
01  mySwitch.isOn = true
```

イベントメソッド

Value Changed

アシスタントエディターで接続したとき、[Action] の [Event] で [Value Changed] を選択すると、スイッチが操作されたときに、メソッドが実行されるようになります。

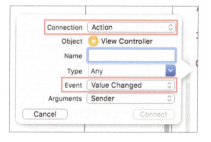

Chapter 5-7

UISlider

スライドして値を選択させます

UISlider(スライダー)は、「つまみをスライドして値を選択させるとき」に使います。

つまみをスライドさせることで値を変化させることができます。

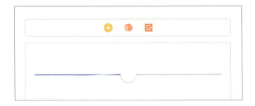

アトリビュート・インスペクタで設定

Value	現在の値
Minimum	最小値
Maximum	最大値
Min Image	最小値側に表示させる画像
Max Image	最大値側に表示させる画像
Min Track Tint	つまみの左側のバーの色
Max Track Tint	つまみの右側のバーの色
Events Continuous Updates	スライドの最中にも値を返すかどうか？ チェックをはずすとつまみを放したときだけ値が返ってきます

Chapter 5　部品の使い方：UIKit

プロパティで設定

value: Float

値を設定をしたり、確認したりできます。

書式

```
<スイッチ名>.value = <数値>
```

例

```
01 mySlider.value = 10
```

イベントメソッド

Value Changed

アシスタントエディターで接続したとき、[Action] の [Event] で [Value Changed] を選択すると、スライダーが操作されたときに、メソッドが実行されるようになります。

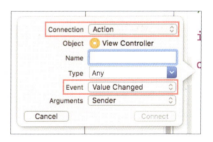

Chapter 5-8

UITextField

UITextField（テキストフィールド）は、「ユーザーに1行のテキストを入力させるとき」に使います。

タップすると、ソフトキーボードが自動的に表示されて、テキスト入力をすることができるようになります。

アトリビュート・インスペクタで設定

Text	文字
Color	文字の色
Font	フォントの種類とサイズ
Alignment	配置方法
Placeholder	入力前の薄い文字列
Keyboard Type	入力に使うソフトキーボードの種類
Return Key	キーボードのリターンキーの種類

キーボードで文字を入力させます

Chapter 5　部品の使い方：UIKit

プロパティで設定

text: String?

表示する文字を設定します。

書式

```
<テキストフィールド名>.text = <文字列>
```

例

```
01  myTextField.text = "こんにちは"
```

placeholder: String?

文字が入力されていないときの薄い文字列を設定します。

書式

```
<テキストフィールド名>.placeholder = <文字列>
```

例

```
01  myTextField.placeholder = "ここに入力してください"
```

イベントメソッド

Did End On Exit

アシスタントエディターで接続したとき、[Action]の[Event]で[Did End On Exit]を選択すると、リターンキーが押されたときに、メソッドが実行されるようになります。
リターンキーが押されると自動的にソフトキーボードが消えます。

Chapter 5-9

UITextView

多くの文字を表示させたり
入力させます

UITextView（テキストビュー）は、「長いテキストを表示したり、入力させるとき」に使います。

長いテキストを表示するための部品で、はみ出るぐらい長いテキストを入れると、自動的にスクロールバーがついて、スクロールさせることができるようになります。タップすると、ソフトキーボードが自動的に表示されて、テキスト入力をすることができるようになります。

アトリビュート・インスペクタで設定

Text	文字
Color	文字の色
Font	フォントの種類とサイズ
Alignment	配置方法
Behavior Editable	編集可能かどうか
Keyboard Type	入力に使うソフトキーボードの種類
Return Key	キーボードのリターンキーの種類

プロパティで設定

text: String?

表示する文字を設定します。

書式

```
<テキストビュー名>.text = <文字列>
```

例

```
01  myTextView.text = "こんばんは"
```

isEditable:Bool

編集可能かどうかを設定します。

155

書式

```
<テキストビュー名>.isEditable = <true/false>
```

例

```
01 myTextView.isEditable = true
```

isSelectable:Bool

選択可能かどうかを設定します。

書式

```
<テキストビュー名>.isSelectable = <true/false>
```

例

```
01 myTextView.isSelectable = true
```

イベントメソッド

テキストビューにはイベントメソッドがないので、操作してメソッドを呼び出すことができません。プロパティで値を設定したり、読み出したりするだけです。

キーボードを消すプログラム

テキストビューでは、リターンキーが押しても自動的にソフトキーボードが消えません。ソフトキーボードを消したいときは［resignFirstResponder()］メソッドを使います。別のボタンを用意するなどして、そのメソッドの中から［resignFirstResponder()］メソッドを実行することで、ソフトキーボードを消すのです。

書式

```
<テキストビュー名>.resignFirstResponder()
```

例

```
01 myTextView.resignFirstResponder()
```

Chapter 5-10

UIImageView

プロジェクト内の画像を表示します

UIImageView（イメージビュー）は、「画像を表示させたいとき」に使います。

読み込んだ画像や、Web上にある画像をURLで指定して表示させることができます。
表示するだけの部品ですので、ユーザーが触って操作することはできません。

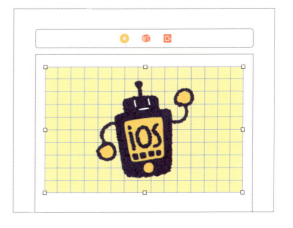

アトリビュート・インスペクタで設定

Image	画像
Content Mode	縦横の比率（※）

（※）Content Modeで設定する拡大縮小の種類

Scale To Fill	画像をイメージビューぴったりのサイズに、拡大、縮小します。縦横の比率が変わることがあるので、画像が縦長になったり、横長になることがあります。
Aspect Fit	画像の縦横の比率は変えないで、画像のすべて表示されるように、拡大、縮小します。イメージビューの上下か左右にすきまができることがあります。
Aspect Fill	画像の縦横の比率は変えないで、イメージビューに隙間が出ないように、拡大、縮小します。画像の上下か左右がイメージビューからはみ出してしまうことがあります。

オリジナル画像

Scale To Fill（画像をイメージビューぴったりのサイズに、拡大、縮小します）

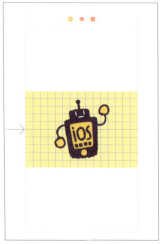

Aspect Fit（画像の縦横の比率は変えないで、画像のすべて表示されるように、拡大、縮小します）

Aspect Fill（画像の縦横の比率は変えないで、イメージビューに隙間が出ないように、拡大、縮小します）

プロパティで設定

image: UIImage?

表示する画像を設定します。pngやjpegなどの画像ファイルを表示できますが、画像ファイルを
そのまま設定することはできません。[UIImage] という「プログラムの中で扱える画像データ」
に変換してから設定する必要があります。

書式

```
let ＜UIImage名＞ = UIImage(named: "＜画像ファイル名＞")
＜イメージビュー名＞.image =＜UIImage名＞
```

例

```
01  let myImage = UIImage(named: "berry.png")
02  myImageView.image = myImage
```

この2行をまとめて1行で設定することもできます。

書式

```
＜イメージビュー名＞.image = UIImage(named: "＜画像ファイル名＞")
```

例

```
01  myImageView.image = UIImage(named: "berry.png")
```

TIPS

AssetCatalog（アセットカタログ）の使い方

アプリは実行するiPhoneに合わせて解像度が変わります。
2倍の解像度のiPhoneもあれば、3倍の解像度のiPhoneもあります。それを1枚の画像だけを使って対
応しようとすると、拡大縮小をすることで対応するので輪郭がぼやけたりします。
それを解消するために、それぞれの解像度用に違うサイズの画像を用意しておいて、解像度に応じて自動
的に画像を使い分けるしくみが用意されています。それが［AssetCatalog（アセットカタログ）］です。
ナビゲータエリアにある水色の［Assets.xcassets］アイコンが、アセットカタログです。ファイルを選
択すると、［AppIcon］が表示されます。アイコンはデバイスによって違うサイズのアイコンを用意する必
要があるので、最初から用意されています。

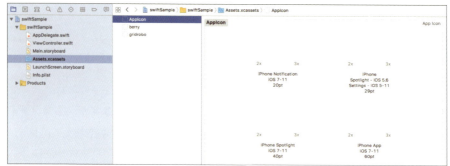

ここに、自分で使うイメージセットを追加して使います。

AssetCatalogの使い方

❶下にある「＋」ボタンを押すとサブメニューが表示されるので、[New Image Set] を選択すると、イメージセットが作られます。

❷プログラムで使うときは、このイメージセット名を指定して使うことになります。ダブルクリックして、画像の名前をつけましょう。

❸「1x」に1倍の、「2x」に2倍の、「3x」に3倍のサイズの画像をそれぞれドラッグしてセットします。

❹UIImageで画像データを作るときは、「画像ファイル名」の代わりに、この「イメージセット名」を指定します。デバイスの解像度に応じて自動的に画像が切り替わってくれるようになります。

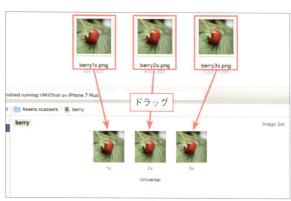

書式

```
<イメージビュー名>.image = UIImage(named: "<イメージセット名>")
```

例

```
01  myImageView.image = UIImage(named: "berry")
```

Chapter 6

複数画面のアプリ：
ViewController

この章でやること
- 複数画面のアプリの作り方を理解しましょう。
- アラートやアクションシートの使い方を紹介します。
- 1画面のアプリに、2つ目の画面を追加する方法を紹介します。

Chapter 6-1

アラート、アクションシートってなに？

一時的に重ねるダイアログ

この章では、複数の画面の使い方について見ていくことにしましょう。
まずは、一番簡単な「一時的に重ねるダイアログ」です。
ダイアログは画面ではありませんが、一時的に別の情報を表示するのに便利な機能です。
［アラート］や［アクションシート］と言って、どちらも画面の上に一時的に重なって表示され、ユーザーがボタンを選択すると表示が消えて、もとの画面に戻ります。

アラート

［アラート］は、お知らせや確認など「ユーザーにちゃんと知らせたいとき」に使います。ユーザーがボタンを押すまで次の操作を行えなくすることができます。

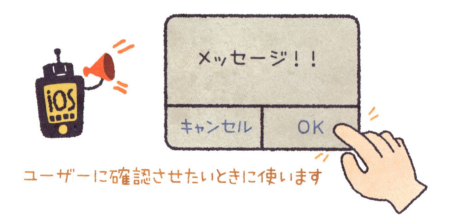

アクションシート

［アクションシート］は、「ユーザーにアクションを選択させたいとき」に使います。ユーザーがアクションを選ぶまで次の操作を行えなくすることができます。

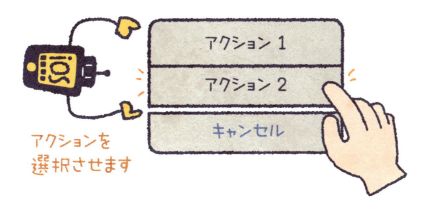

UIAlertControllerで作る

［アラート］や［アクションシート］は、どちらもアラートコントローラー（UIAlertController）というクラスを使って表示します。
ダイアログを作るときは、「どんなダイアログか」「どんなメッセージを表示するか」「どんなボタンを表示するか」「ボタンを押したときに何をするか」などいろいろな項目を、段階を踏んで作っていきます。

❶ **ダイアログを作る**（どんなダイアログで、どんなメッセージを表示するか）
❷ **表示するボタンを作る**（どんなボタンを表示するか、押したときに何をするか）
❸ **ダイアログにボタンを追加する**
❹ **ダイアログを表示する**

❶ダイアログを作る

表示するダイアログを作ります。

「どんなメッセージを表示するか」を「title」と「message」で設定します。
「title」には、ダイアログのタイトルを設定します。

「message」には、ダイアログに表示するメッセージを設定します。

「どんなダイアログにするか」を「preferredStyle」で設定します。
「preferredStyle」に、アラートのときは「.alert」、アクションシートのときは「.actionSheet」を設定します。

書式

```
let ダイアログ = UIAlertController(
    title: "タイトル",
    message: "メッセージ",
    preferredStyle: .alert または .actionSheet)
```

❷ 表示するボタンを作る

ダイアログに表示するボタンを作ります。ボタンが複数ある場合は、その数だけボタンを作ります。

「どんなボタンを表示するか」を「title」と「style」で設定します。
「title」には、ボタンの文字を設定します。
「style」には、ボタンの種類を設定します。
OKボタンや通常のボタンを作るときは「.default」、キャンセルボタンを作るときは、「.cancel」を設定します。
削除ボタンのように「破壊的な処理」をするボタンを作るときは、「.destructive」を設定します。

「押したときに何をするか」を「handler」で設定します。
「handler」には、ボタンを押したときにする処理を用意します。何もしないで閉じるだけならばnilを指定します。

書式 ボタンを押したときに何かするとき

```
let ボタン = UIAlertAction(
    title: "ボタンの文字",
    style: ボタンの種類,
    handler: {action in
        // ボタンを押したときにする処理
})
```

164　**Chapter 6**　複数画面のアプリ：ViewController

書式 ボタンを押しても何もしないで閉じるだけのとき

```
let ボタン = UIAlertAction(
    title: "ボタンの文字",
    style: ボタンの種類,
    handler: nil)
```

❸ダイアログにボタンを追加する

作ったボタンをダイアログに追加します。ボタンが複数ある場合は、その数だけボタンを追加します。

書式

```
ダイアログ.addAction(ボタン)
```

❹ダイアログを表示する

ダイアログの準備ができたら、ViewControllerのpresentメソッドで、ダイアログを表示させます。

1つ目の引数に、作ったダイアログを設定します。
「animated」には、アニメーションをしながら表示されるかどうかを設定します。
「completion」には、ダイアログを表示したときにする処理を用意します。何もしないで閉じるだけならばnilを指定します。

書式

```
present(ダイアログ, animated: true, completion: nil)
```

Chapter 6-2
アラートでアプリを作ろう 【画面デザイン編】

ここでやること
- 画面に部品を配置する。
- 部品の調整をする。
- AutoLayout設定をする。

実習 アラートで計算クイズアプリを作ろう！

それでは［アラート］を使って、簡単なアプリを作ってみましょう。

[難易度] ★★☆☆☆

どんなアプリ？

［計算クイズアプリ］です。2桁の足し算問題が表示されるので、ソフトキーボードで答えを入力して答えるアプリです。入力ボタンを押すと、アラートが表示されて、正解か不正解かを教えてくれます。

作ってみます

166　Chapter 6　複数画面のアプリ：ViewController

アプリのしくみ

①アプリの画面には、ラベルとテキストフィールドとボタンがあります。
②アプリが表示されるとき、出題（ラベルに問題を表示）します。
　プレイヤーがテキストフィールドをタップすると、ソフトキーボードが現れて答えを入力することができます。
　入力ボタンがタップされたら、テキストフィールドの値を見て、答え合わせをして、［アラート］に表示します。
　OKボタンが押されたら［アラート］は消えますが、このとき、もし正解だったら次の出題をします。

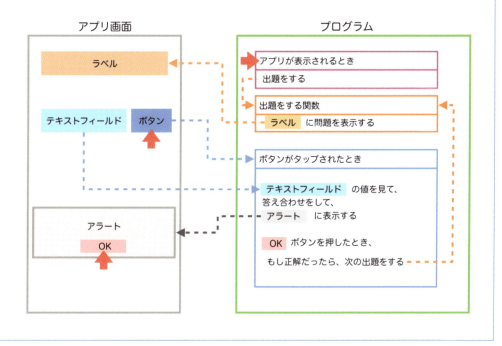

実習 アプリの画面を作る

まずは「画面」から作っていきます。
画面に「ラベル」と「テキストフィールド」と「ボタン」を配置して、AutoLayoutの設定を行います。

1 新規プロジェクトを作る

[Create a new Xcode project] ボタンを
クリックして新規プロジェクトを作ります。

2 テンプレートを選ぶ

[Single View App] を選択して、[Next]
ボタンをクリックします。

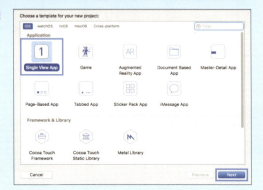

3 プロジェクトの初期設定をする

プロジェクト名は、「calcQuizApp」にしましょう。基本情報を以下のように入力して、[Next]
ボタンをクリックし、プロジェクトの保存先を選択して [Create] ボタンをクリックします。

- Product Name：calcQuizApp
- Team：None
- Organization Name：myname
- Organization Identifier：com.myname
- Language：Swift
- Use Core Data：オフ
- Include Unit Tests：オフ
- Include UI Tests：オフ

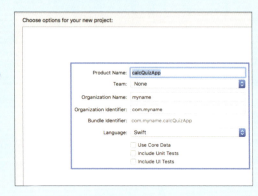

4 インターフェイスビルダーに切り換える

ナビゲータエリアで［Main.storyboard］ファイルを選択すると、インターフェイスビルダーが表示されます。

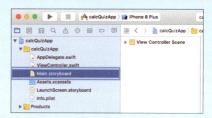

5 ラベルを配置する

ライブラリペインから、［Label］を画面の上の方へドラッグ＆ドロップして配置します。ガイドラインが出るので、左に合わせて置きます。

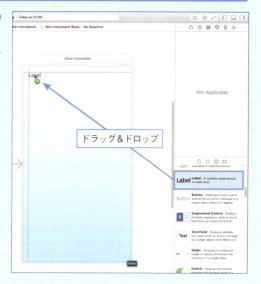

6 ラベルの大きさを変更する

配置したラベルの右をドラッグして大きさを変更します。右のガイドラインまで広げましょう。

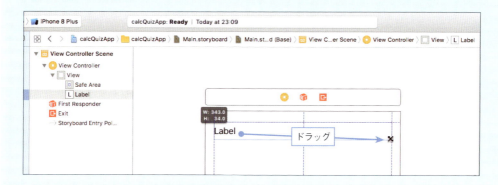

7 テキストフィールドを配置する

ライブラリペインから、[Text Field]を画面の上の方へドラッグ＆ドロップして配置します。ガイドラインが出るので、中央に合わせて置きます。

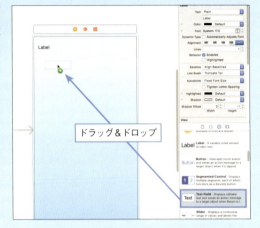

ドラッグ＆ドロップ

このテキストフィールドに入力するのは数字だけですので、[数字のみのソフトキーボード]が表示されるようにしましょう。
[アトリビュート・インスペクタ]にある[Keyboard Type]で、[Number Pad]を選択します。

8 ボタンを配置する

ライブラリペインから、[Button]をドラッグ＆ドロップして[Text Field]の右側に配置します。ガイドラインが出るので、右に合わせて置きます。

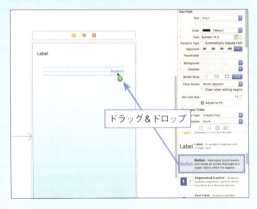

ドラッグ＆ドロップ

ボタンの文字をダブルクリックして、「入力する」に変更しましょう。

9 ラベルのAutoLayoutを設定する

ラベルを「画面上端に、幅に合わせて伸び縮みして表示する」ように設定してみましょう。[Add New Constraints]ボタンを選択して、[Add New Constraints]ダイアログを表示します。
「上からの距離」「右からの距離」「左からの距離」を実線にして、「Height」にチェックを入れ、[Add 4 Constraints]ボタンをクリックします。

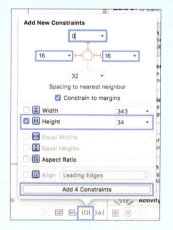

10 テキストフィールドのAutoLayoutを設定する

テキストフィールドを「ラベルの下に、中央寄せで表示する」ように設定してみましょう。[Align]ボタンを選択して、[Add New Alignment Constraints]ダイアログを表示します。
[Horizontally in Container]にチェックを入れ、[Add 1 Constraint]ボタンをクリックします。

［Add New Constraints］ボタンを選択して、［Add New Constraints］ダイアログを表示します。

「上からの距離」を実線にして、「Width」「Height」にチェックを入れ、［Add 3 Constraints］ボタンをクリックします。

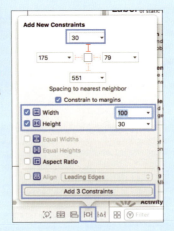

11 ボタンのAutoLayoutを設定する

ボタンを「画面の右側に、固定サイズで表示する」ように設定してみましょう。

［Add New Constraints］ボタンを選択して、［Add New Constraints］ダイアログを表示します。「上からの距離」「左からの距離」を実線にして「Width」「Height」にチェックを入れ、［Add 4 Constraints］ボタンをクリックします。

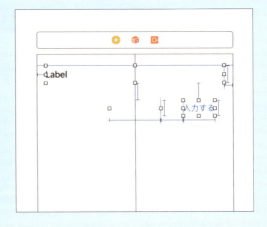

172　Chapter 6　複数画面のアプリ：ViewController

12 Runで確認する

それでは、ここまで作ったものを確認してみましょう。[Run] ボタンをクリックして、実行です。

「画面ができただけ」なので、まだボタンを押しても何も動きませんが、テキストフィールドをタップすると数字のソフトキーボードが表示されます。

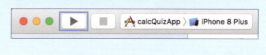

Chapter 6-3

アラートでアプリを作ろう
【プログラム編】

ここでやること
- ラベル、テキストフィールド、ボタンをプログラムと接続する。
- プログラムを記述する。

実習 画面とプログラムを接続する

画面の部品とプログラムを接続しましょう。

プログラムからラベルへ問題を表示するので、ラベルはIBOutlet接続をします。

ボタンが押されたらプログラムが実行されるので、ボタンはIBAction接続をします。

プログラムからテキストフィールドの文字を調べるので、テキストフィールドはIBOutlet接続をします。

13 アシスタントエディターに切り換える

ツールバー右上の［アシスタントエディター］ボタンと、ツールバー右上の［Utility（ユーティリティ）］ボタンをクリックして、アシスタントエディターに切り換えて広く表示しましょう。

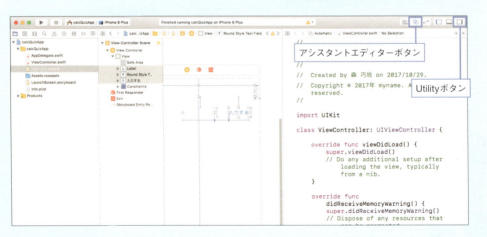

14 ラベルをプログラムに接続する

ラベルを右クリック（control + クリック）してドラッグして線を伸ばし、右に表示された［ViewController.swift］の「class ViewController」の次の行にドロップします。

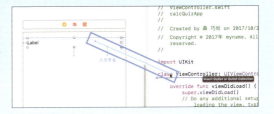

接続のパネルが現れるので、ラベルの名前を設定しましょう。［Name］にラベルの名前を入力します。「myLabel」と入力して［Connect］ボタンをクリックします。

15 テキストフィールドをプログラムに接続する

テキストフィールドを右クリック（control + クリック）してドラッグして線を伸ばし、右に表示された［ViewController.swift］の「@IBOutlet weak var myLabel: UILabel!」の次の行にドロップします。

接続のパネルが現れるので、ラベルの名前を設定しましょう。［Name］にラベルの名前を入力します。「myTextField」と入力して［Connect］ボタンをクリックします。

16 ボタンをプログラムに接続する

ボタンを右クリック（control + クリック）してドラッグして線を伸ばし、右に表示された［ViewController.swift］の「@IBOutlet weak var myTextField: UITextField!」の次の行にドロップします。

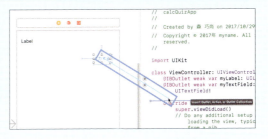

接続のパネルが現れるので、「ボタンを押したときにする仕事」を設定しましょう。

まず［Connection］を［Action］に変更してから、［Name］にボタンのメソッド名を入力します。「tapButton」と入力しましょう。
［Event］は［Touch Up Inside］になっていると思います。確認できたら［Connect］ボタンをクリックします。

実習 プログラムを作る

画面ができて、画面とプログラムをつなぐことができました。
それでは、プログラムを入力していきましょう。

17 ソースエディターに切り換える

ツールバー右上の［スタンダードエディター］ボタンを押して、スタンダードエディターに切り換え、ナビゲータエリアで［ViewController.swift］ファイルを選択して、ソースエディターに切り換えます。

176　Chapter 6　複数画面のアプリ：ViewController

18 プログラムを入力する

プログラムを入力しましょう。（わかりやすいようにコメント文（//）を入れていますが、コメント文は入力しなくても動きます。）

まず、足し算に使う2つの足す値（a、b）と、答えの値（correct）を入れる変数を用意します。何度も出題を行うので、「出題をする関数（question）」も用意します。0～99の中でランダムに2つ値（a、b）の値を作り、足した結果を答えの値（correct）に入れます。この変数を使ってラベルに「(aの値) + (bの値) = ?」と問題を表示します。
テキストフィールドは空にします。

```swift
 9  import UIKit
10
11  class ViewController: UIViewController {
        @IBOutlet weak var myLabel: UILabel!
        @IBOutlet weak var myTextField: UITextField!
14
15      // 足し算に使う変数を用意します
16      var a = 0
17      var b = 0
18      var correct = 0
19
20      // 出題をする関数
21      func question() {
22          // ランダムに問題を作ります
23          a = Int(arc4random() % 100)
24          b = Int(arc4random() % 100)
25          correct = a + b
26          // ラベルに問題を表示します
27          myLabel.text = "\(a) + \(b) = ?"
28          // テキストフィールドを空にします
29          myTextField.text = ""
30      }
31
        @IBAction func tapButton(_ sender: Any) {
33      }
34
35      override func viewDidLoad() {
36          super.viewDidLoad()
37          // 出題をする関数を呼び出します
38          question()
39      }
40
41      override func didReceiveMemoryWarning() {
42          super.didReceiveMemoryWarning()
43          // Dispose of any resources that can be rec
44      }
45
```

「アプリが表示されるとき」に実行されるのが「viewDidLoad」です。ここで、出題する関数を呼び出します。

chapter
6-3

「ボタンがタップされたとき」に実行されるのが、「tapButton」です。
テキストフィールドに整数が入力されているかをチェックしてから、答えの値（correct）と比較して、"正解"か"間違い"かを変数（check）に入れます。
その変数（check）を表示するアラートダイアログを作ります。
OKボタンが押されたとき、正解だったら次の出題する仕事を割り当てます。
これを、アラートダイアログにボタンを追加して、表示します。

177

```swift
26        // ラベルに問題を表示します
27        myLabel.text = "\(a) + \(b) = ?"
28        // テキストフィールドを空にします
29        myTextField.text = ""
30    }
31
32    @IBAction func tapButton(_ sender: Any) {
33        // 整数が入力されているかチェックします
34        guard let answer = Int(myTextField.text!) else {
35            return
36        }
37        // 答え合わせをします
38        var check = "間違い"
39        if answer == correct {
40            check = "正解"
41        }
42        // ダイアログを作ります
43        let alert = UIAlertController(title: "足し算クイズ", message:
              check, preferredStyle: .alert)
44        let defaultAction = UIAlertAction(title: "OK",
              style: .default, handler: {action in
45            // 正解だったら次の出題をします
46            if answer == self.correct {
47                self.question()
48            }
49        })
50        alert.addAction(defaultAction)
51        // ダイアログを表示します
52        present(alert, animated: true, completion: nil)
53    }
54
55    override func viewDidLoad() {
56        super.viewDidLoad()
57        // 出題をする関数を呼び出します
58        question()
```

19 Runで確認する

[Run］ボタンをクリックして、実行してみましょう。

確認

答えを入力して［入力する］ボタンをタップすると、正解か間違いかが表示されるので確認しましょう。これでアプリは完成です！

Chapter 6-4
複数画面アプリのしくみって？：ViewController

複数画面のアプリ

「複数の画面を使って動くアプリ」を作る方法について考えてみましょう。

iPhoneアプリでは「アプリの1画面は1つのクラスが仕切る」と考えて作ります。
画面が複数ある場合は、「1つのクラスが仕切る画面」を複数用意して、画面と画面をつなげて作っていくのです。それぞれの画面は「別々の仕切り役」のものなので、切り換えるときは仕切り役同士をうまく連携させながら処理を進める必要があります。
そこで、複数画面のアプリを作るときには、以下の3つに注意して作ります。

❶ **画面それぞれにViewControllerを作る**
❷ **画面の切り替わり方を考える**
❸ **画面から画面へデータを受け渡す**

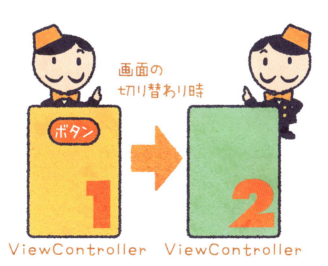

❶ 画面それぞれにViewControllerを作る

「1画面は1つのクラス」が仕切ります。具体的には「1つの画面（View）」を「1つのクラス（ViewController）」がコントロールするのです。

これまでの作例で作ってきたアプリでは、プログラムは［ViewController.swift］に書いていました。画面が1つしかなかったので、そのクラスが仕切っていたのです。
ですが、新しい別の画面を追加したときは、「新しい画面用のクラス」を追加する必要があります。区別がつくように「secondViewController.swift」や「mapViewController.swift」などと、異なる名前をつけて作ります。

1つの画面（お店）は、1つのViewController（店長）が仕切る

「1つの画面は1つのクラスが仕切る」とはどういうことでしょうか。

例えてみると、1つの画面（View）は「お店」のようなもので、1つのクラス（ViewController）は「そのお店を仕切る店長」のようなものです。そして、画面上にあるオブジェクト（ボタンやラベルなど）は、その店舗で働く「アルバイト店員」です。
お店（画面）にアルバイト店員（オブジェクト）を配置するだけではなく、店長（ViewController）が「どういうときに、何をするか」を指示することではじめて、お店として機能します。

例えば、アルバイト店員（オブジェクト）は、「呼び鈴が鳴ったら、注文を聞きにいきなさい」と教えておくことで「注文を聞きに行く」という仕事ができるようになります。
iPhoneアプリでも同じように、「○○されたら、□□をする」という指示で動かします。これを「イベント処理」といいます。
例えば、「ボタンが押されたら、Helloと表示しなさい」と教えておくことで「画面に文字を表示する」という仕事ができるようになるのです。そして、お店（画面）全体としてどのような仕事があるのかを把握しているのが、店長（ViewController）というわけです。

複雑な仕事は、デリゲート

基本的に単純な仕事は「○○されたら、□□をする」という「イベント処理」の方法で指示できるのですが、複雑な仕事は別の方法で指示します。それが「デリゲート」という方法です。
「デリゲート」とは、「アルバイト店員（オブジェクト）が何をしたらいいかを、いちいち店長に聞いて、任せる方法」です。

アルバイト店員（オブジェクト）は「大量の品物を考えて並べる」ような複雑なことは苦手です。だから店長に「何列並べますか？」「1列目には何を並べますか？」と細かく聞きながら仕事を行います。

同じように実際のアプリの中でも、テーブルビューでは処理が複雑なのでこのデリゲートが使われています。
テーブルビュー（オブジェクト）はリストを並べて表示するとき、ViewControllerに「何列並べますか？」「1列目には何を並べますか？」と細かく聞きながら仕事を行っていくのです。
このテーブルビューについては、Chapter 7-1で詳しく解説していきます。

❷ 画面の切り替え方を考える

「画面の切り替え方」は、インターフェイスビルダーで指定します。
主に3種類あり、アプリに適しているものを選んで使います。

Modal：画面を重ねて切り替える

画面の上に画面をまるごと重ねて切り替える方法です。
ダイアログのように一時的に画面を切り換えるときに使いますが、普通の画面なのでダイアログよりもいろいろな画面を作れます。
元の画面上のボタンをタップするとModal画面に切り替わり、Modal画面上の戻るボタンをタップすると元の画面に戻る切り替わり方です。

Navigation Controller：ナビゲーションで切り替える

アプリの上にナビゲーションバーがあって、階層的に切り替える方法です。
階層的に深くなっていくアプリに使います。
複数の中から1つをタップすると右から画面がスライドしてきて切り替わり、階層が深くなります。ナビゲーションバーの戻るボタンをタップすると左から画面がスライドしてきて切り替わり、階層が浅くなります。
テンプレートの［Master-Detail App］に使われています。

Tab Bar Controller：タブバーで切り替える

アプリの下にタブバーがあって、複数の画面を切り替える方法です。ModalやNavigation Controllerとの違いは、複数の画面には直接関係がなかったり、多少関係があっても同じデータを

違う視点に切り換えて見るときのような、並列な関係で表現するときに使います。
タブバーの1つのタブをタップするとタブバーの上の画面が切り替わります。別のタブをタップすると別の画面に切り替わります。
テンプレートの［Tabbed App］に使われています。

画面の切り替え方は［segue（セグエ）］で指定

「画面の切り替え方」は、インターフェイスビルダーの［segue（セグエ）］を使って指定します。インターフェイスビルダー上で、「ボタン」から線をのばし「どの画面へ切り替わるか」を指定します。実際には「画面と画面をつなぐ矢印線」として表示されます。このとき「画面の切り替え方」を指定します。

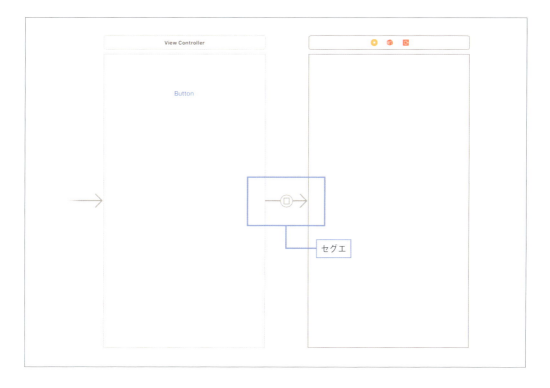

※segueとは音楽用語で「ある楽章から次の楽章へ切れ目なく移行すること」をいいますが、Xcodeのsegueも同じように「ある画面から次の画面へ切れ目なく移行する」ときに使う機能です。

183

はてな？

セグエの種類

セグエには、いろいろな種類があります。

```
Action Segue
    Show
    Show Detail
    Present Modally
    Present As Popover
    Custom
Non-Adaptive Action Segue
    Push (deprecated)
    Modal (deprecated)
```

● **Show**
ナビゲーションバーで画面を横にプッシュして切り換えるとき

● **Show Detail**
ナビゲーションバーで画面を切り換えるとき（iPad用で右側を置き換えるとき）

● **Present Modally**
複数の画面をまるごと切り換えるとき（通常の画面切り替えはこれを使います）
ソースビュー（元画面）の上にディスティネーションビュー（新画面）が重ねられます

● **Present As Popover**
ポップオーバーで切り換えるとき（iPad用）

● **Custom**
自作した方式で切り替えるとき

❸ 画面から画面へデータを受け渡す

複数の画面は、それぞれ「別の仕切り役」のものなので、仕切り役同士をうまく連携させながら処理を進める必要があります。
具体的には「データを受け渡す」のですが、その方法は大きく2種類あります。
「ViewController同士で直接データを受け渡す方法」と「AppDelegateを使ってデータを共有する方法」です。

直接データを受け渡す方法

2つの画面を切り換えるだけのときは、「直接データを受け渡す方法」が簡単です。

例えてみると、お店（画面）が2つあって、店長（ViewController）2人いる場合のような状態です。店長は2人いますが、それぞれ自分のお店の仕事をしています。この2つのお店が連携して何かをしようとするときは、連絡を行う必要があります。いろいろ方法が考えられますが、簡単なのは誰か連絡用の人を用意して、お互いの状態を連絡し合う方法です。

iPhoneアプリでも2つのViewControllerはそれぞれ別のクラスなので、お互いがどういう状態にあるか知りません。ですので、連絡用の［プロパティ］を用意して、そこに情報を書いたり読んだりすることで、2つのクラスの状態を連絡し合うのです。これが「直接データを受け渡す方法」です。

直接データを受け渡す方法

具体的には「画面が切り替わるとき」にデータの受け渡しを行います。
❶ 次の画面へ切り替わるとき、次の画面にデータを渡します。
❷ 元の画面が戻ってくるとき、次の画面からデータを受けとります。

AppDelegateを使ってデータを共有する方法

3つ以上の複数の画面を行き来するような場合は、連携の方法が複雑になります。このようなときは「AppDelegateを使ってデータを共有する方法」で行います。

例えてみると、複数の店舗（複数の画面）があるときは、店長の数が多くなって連絡の方法も複雑になってくるようなものです。そういうときは、中央センター（AppDelegate）を使って連絡しあう方法が考えられます。
各店舗の情報は中央センターに連絡しておきます。そうしておけば、他のどの店舗であっても中央センターに問い合わせをすればお互いの情報が得られます。

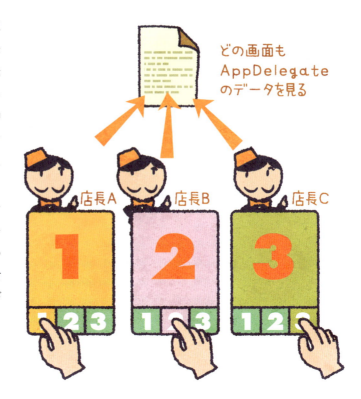

アプリの中でも、複数の画面を行き来する場合は、AppDelegateという中央センターのようなところを使います。AppDelegateに連絡用のプロパティを用意しておいて、そのプロパティを各ViewControllerで書いたり、呼んだりすることで、複数のViewController間で情報を連絡し合うことができるようになるわけです。これが「AppDelegateを使ってデータを共有する方法」です。

AppDelegateを使ってデータを共有する方法

❶ AppDelegateにプロパティを作ります。
❷ 最初の画面から、AppDelegateのプロパティを読み書きします。
❸ 次の画面から、AppDelegateのプロパティを読み書きします。

Chapter 6-5

複数画面のアプリを作ろう 【画面デザイン編】

ここでやること
- プロジェクトを作る。
- 2つの画面を作る。
- 2つの画面をつなぐ。

新しい画面を追加する方法

「新しい画面を追加を追加する方法」について見ていきましょう。

まず、[Single View App] テンプレートでアプリを作ると1画面のアプリになります。これに新しい画面を追加して、複数画面のアプリにすることができます。

新しい画面は、「画面を作って」「画面をつなげる」という手順で作ります。

画面を作る

❶ インターフェイスビルダーで、新しい画面を追加します。

❷ 新しい画面用のViewController.swiftを作り、新しい画面に設定します。

画面をつなげる

❸ segueを使って、1つ目の画面から新しい画面へ接続します。

❹ 1つ目の画面に「戻り口」を作ります。

❺ 戻り口を使って、新しい画面から1つ目の画面へ接続します。

実習 複数画面の色当てアプリを作ろう！

それでは［2つの画面を持つ簡単なアプリ］を作ってみましょう。
データは、画面が切り替わるとき直接受け渡すようにします。

[難易度] ★★☆☆☆

どんなアプリ？

2つの画面を使った［色当てアプリ］です。
1つ目の画面には「RGBの数値」を表示します。この画面は、数値だけを見てどんな色かを予想する画面です。［色を見る］ボタンをタップすると2つ目の画面に切り替わります。
2つ目の画面には、その「RGBの数値」が背景色として画面いっぱいに表示されます。ぱっと見て色の確認ができるアプリです。

作ってみます

アプリのしくみ

① 1つ目の画面には、ラベルと［色を見る］ボタンがあります。
② 2つ目の画面には、［戻る］ボタンがあります。
③ 1つ目の画面が表示されたとき、ランダムなRGBの値を作って、ラベルにその数値を表示します。［色を見る］ボタンがタップされたら2つ目の画面に切り替わりますが、このときRGBの値を2つ目の画面に受け渡します。
④ 2つ目の画面が表示されたとき、受け取ったRGBの値で背景色を作って設定します。［戻る］ボタンがタップされたら、1つ目の画面に戻り、再びランダムなRGBの値を表示します。

188　Chapter 6　複数画面のアプリ：ViewController

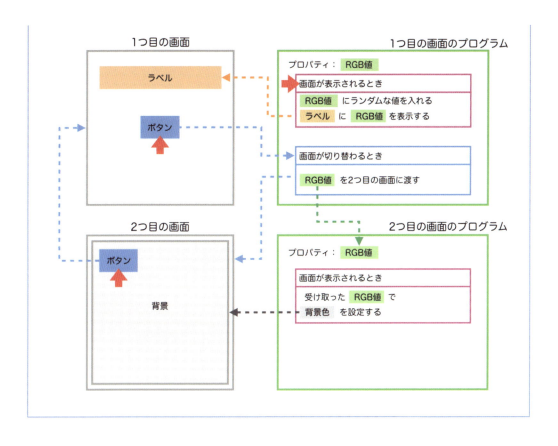

実習 プロジェクトを作る

まずは、プロジェクトから作り始めましょう。

1 新規プロジェクトを作る

[Create a new Xcode project] ボタンをクリックして新規プロジェクトを作ります。

2 テンプレートを選ぶ

［Single View App］を選択して、［Next］
ボタンをクリックします。

3 プロジェクトの初期設定をする

プロジェクト名は、「colorQuizApp」にしましょう。基本情報を以下のように入力して、［Next］
ボタンをクリックし、プロジェクトの保存先を選択して［Create］ボタンをクリックします。

- Product Name：colorQuizApp
- Team：None
- Organization Name：myname
- Organization Identifier：com.myname
- Language：Swift
- Use Core Data：オフ
- Include Unit Tests：オフ
- Include UI Tests：オフ

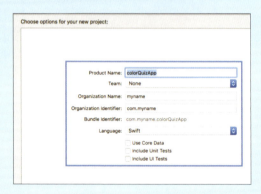

実習 1つ目の画面を作る

1つ目の画面を作りましょう。画面に「ラベル」と「ボタン」を配置してAutoLayoutの設定を行います。

4 インターフェイスビルダーに切り換える

ナビゲータエリアで［Main.storyboard］
ファイルを選択すると、インターフェイス
ビルダーが表示されます。

5 ラベルを配置する

ライブラリペインから、[Label] を画面の上の方へドラッグ＆ドロップして配置します。ガイドラインが出るので、左に合わせて置きます。

6 ラベルの表示を調整する

配置したラベルの右をドラッグして大きさを変更します。右のガイドラインまで広げましょう。

［アトリビュート・インスペクタ］の［Alignment］で中央寄せします。

7 ボタンを配置する

ライブラリペインから、[Button] を [ラベル] の下にドラッグ＆ドロップして配置します。ガイドラインが出るので、中央に合わせて置きます。

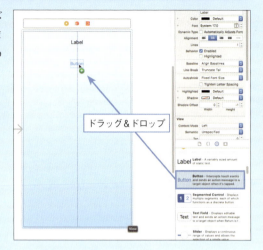

ボタンの文字をダブルクリックして、「色を見る」に変更しましょう。

8 ラベルのAutoLayoutを設定する

ラベルを「画面上端に、幅に合わせて伸び縮みして表示する」ように設定してみましょう。[Add New Constraints] ボタンを選択して、[Add New Constraints] ダイアログを表示します。
「上からの距離」「右からの距離」「左からの距離」を実線にして、「Height」にチェックを入れ、[Add 4 Constraints] ボタンをクリックします。

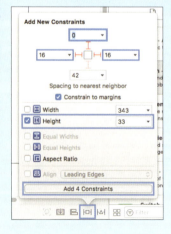

9 ボタンのAutoLayoutを設定する

ボタンを「ラベルの下に、中央寄せで表示する」ように設定してみましょう。[Align]ボタンを選択して、[Add New Alignment Constraints]ダイアログを表示します。[Horizontally in Container]にチェックを入れ、[Add 1 Constraint]ボタンをクリックします。

[Add New Constraints]ボタンを選択して、[Add New Constraints]ダイアログを表示します。「上からの距離」を実線にして、「Width」「Height」にチェックを入れ、[Add 3 Constraints]ボタンをクリックします。

実習 2つ目の画面を作る

2つ目の画面を作りましょう。
新しく画面を追加して、2つ目の画面用のViewControllerを作って設定します。画面には「ボタン」を配置して、AutoLayoutの設定を行います。

10 2つ目の画面を追加する

ライブラリペインから[View Controller]をドラッグして、画面1のView Controllerの横に配置します。

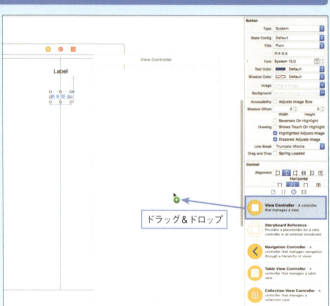

11 2つ目の画面用のcolorViewControllerを作る

プロジェクトナビゲータの上で右クリック(control + クリック)して[New File...]を選択します。

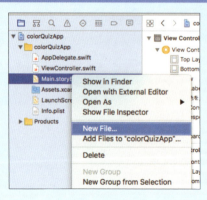

194　Chapter 6　複数画面のアプリ：ViewController

［iOS］＞［Source］＞［Cocoa Touch Class］
を選択してから［Next］ボタンを選択します。

［subclass of］で［UIViewController］を選んで、［Class］に［colorViewController］と入力してから、［Create］ボタンを押します。

- Class：［colorViewController］と入力
- subclass of：［UIViewController］
- Also create XIB file：チェックははずす
- Language：Swift

［colorViewController.swift］ファイルが作られます。

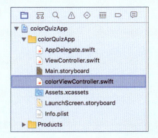

12　colorViewControllerを2つ目の画面に設定する

［Main.storyboard］で、追加したViewControllerを選択してから［ViewController（上に3つ並んだアイコンの一番左）］を選択します。ユーティリティエリアで［アイデンティティ・インスペクタ］を選択し、［Custom Class］＞［Class］を［colorViewController］にします。

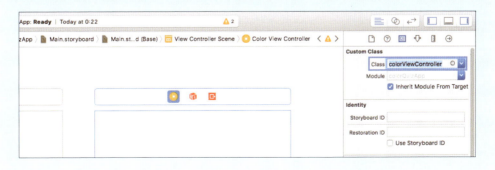

195

13 ボタンを配置する

2つ目の画面にボタンを配置しましょう。ライブラリペインから「Button」を画面の左上に配置し、文字をダブルクリックして［戻る］に修正します。

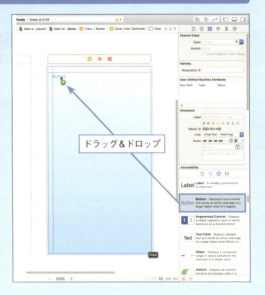

ドラッグ＆ドロップ

14 ボタンのAutoLayoutを設定する

［戻る］ボタンを「画面左上に固定して、今のサイズで表示する」ように設定してみましょう。［Add New Constraints］ボタンを選択して、［Add New Constraints］ダイアログを表示します。
「上からの距離」「左からの距離」を実線にして、「Width」「Height」にチェックを入れ、［Add 4 Constraints］ボタンをクリックします。

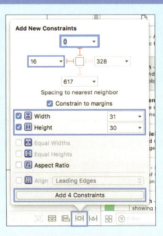

Chapter 6 複数画面のアプリ：ViewController

実習 2つの画面をつなぐ

1つ目の画面から2つ目へ切り替わるようにつなぎ、[戻る]ボタンで1つ目の画面へ戻るように設定します。

15 [色を見る]ボタンから2つ目の画面へつなぐ

1つ目の画面の[色を見る]ボタンを右クリック(control + クリック)してドラッグし、2つ目の画面まで引っ張ってドロップし、[Present Modally]を選択します。
これで、ボタンを押すと2つ目の画面へ切り替わるようになります。

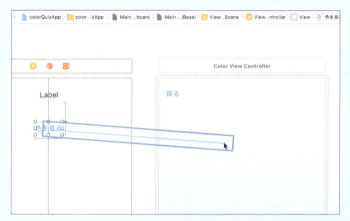

16 Runで確認する

できたかどうかを、[Run]ボタンをクリックして確認しましょう。

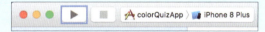

[色を見る]ボタンをタップすると、2つ目の画面に切り替わります。でもまだ[戻る]ボタンをタップしても戻りませんね。[Stop]ボタンを押して停止しましょう。

17 1つ目の画面に「戻り口」を作る

2つ目の画面から1つ目の画面へ戻るためのメソッドを書きます。それが［unwind segue］というメソッドです。中身は空っぽでかまいません。メソッドを作るだけでこれが戻り口になるのです。

> **書式** unwind segueメソッド
>
> ```
> @IBAction func ＜メソッド名＞(segue: UIStoryboardSegue) {
> }
> ```

［ViewController.swift］ファイルを選択して、［unwind segue］を書きましょう。メソッド名は［returnTop］という名前で作ります。

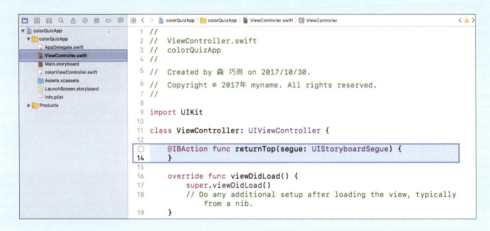

18 ［戻る］ボタンから1つ目の画面へつなぐ

［Main.storyboard］を選択します。2つ目の画面の［戻る］ボタンを右クリック(control + クリック)してドラッグし、2つ目の画面の［Exit（上に3つ並んだアイコンの一番右）］へドラッグします。

すると、メニューが出て先ほど作ったメソッド名［returnTop］がここに現れますので、選択します。これで、1つ目の画面に戻るしくみが作られます。

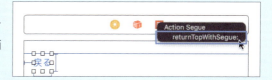

19 Runで確認する

できたかどうかを、［Run］ボタンをクリックして確認しましょう。

［色を見る］ボタンをタップすると、2つ目の画面に切り替わります。次に［戻る］ボタンをタップすると元の画面に戻ります。これで2つの画面を行き来できるようになりました。［Stop］ボタンを押して停止しましょう。

Chapter 6-6

複数画面のアプリを作ろう
【プログラム編】

ここでやること
- 1つ目の画面のプログラムを記述する。
- 2つ目の画面のプログラムを記述する。
- 画面が切り替わるときのプログラムを記述する。

部品をつないで、プログラムを作る

「色当てアプリ」の画面ができたので、次は部品とプログラムをつないで、動かすプログラムを作っていきましょう。

動かすプログラムは、少しずつ作って確認しながら進めていきたいと思います。

- 1つ目の画面を表示したとき、RGBの数値を表示する
- 2つ目の画面を表示したとき、背景色を塗る
- 1つ目の画面から切り替わるとき、RGBの値を受け渡す

実習　1つ目の画面を表示したとき、RGBの数値を表示する

まず「1つ目の画面を表示したとき、RGBの数値を表示する」プログラムを作ります。
光の3原色の赤（R）、緑（G）、青（B）の3つをランダムに求め、その値をラベルに表示します。

20　アシスタントエディターに切り換える

ツールバー右上の［アシスタントエディター］ボタンと、ツールバー右上の［Utility（ユーティリティ）］ボタンをクリックして、アシスタントエディターに切り換えて広く表示しましょう。

21 ラベルをプログラムに接続する

1つ目の画面のラベルを右クリック（control＋クリック）してドラッグして線を伸ばし、右に表示された［ViewController.swift］の「class ViewController」の次の行にドロップします。

接続のパネルが現れるので、ラベルの名前を設定しましょう。［Name］にラベルの名前を入力します。「colorLabel」と入力して［Connect］ボタンをクリックします。

22 ソースエディターに切り換える

ツールバー右上の［スタンダードエディター］ボタンを押して、スタンダードエディターに切り換えて、ナビゲータエリアで［ViewController.swift］ファイルを選択して、ソースエディターに切り換えます。

23 プログラムを入力する（1）

プログラムを入力しましょう（わかりやすいようにコメント文（//）を入れていますが、コメント文は入力しなくても動きます）。
RGBの値を入れておく変数を用意します。最初は0を入れておいて、あとでランダムな値を入れます。

```
11  class ViewController: UIViewController {
        @IBOutlet weak var colorLabel: UILabel!
13
14      // RGBの変数を用意します
15      var colorR = 0
16      var colorG = 0
17      var colorB = 0
18
        @IBAction func returnTop(segue: UIStoryboardSegue) {
20      }
```

24 プログラムを入力する（2）

画面が表示されるときに、ランダムな値を3つ作って、表示します。
画面が表示されるときには［viewWillAppear()］メソッドが呼び出されるので、これをオーバーライドします。オーバーライドするには「override func」で始まるメソッドを書くことで上書きすることができます。

書式 画面が表示されるときに呼び出されるメソッドをオーバーライドする

```
override func viewWillAppear(__ animated: Bool) {
}
```

```
11  class ViewController: UIViewController {
        @IBOutlet weak var colorLabel: UILabel!
13
14      // RGBの変数を用意します
15      var colorR = 0
16      var colorG = 0
17      var colorB = 0
18
19      // この画面が表示されるとき呼び出されます
20      override func viewWillAppear(_ animated: Bool) {
21          super.viewWillAppear(animated)
22          // 0～255のランダムな値を3つ作ります
23          colorR = Int(arc4random() % 256)
24          colorG = Int(arc4random() % 256)
25          colorB = Int(arc4random() % 256)
26          // 3つの色を表示します
27          colorLabel.text = "R=\(colorR) ,G=\(colorG), B=\(colorB)"
28      }
29
        @IBAction func returnTop(segue: UIStoryboardSegue) {
31      }
```

202   **Chapter 6**   複数画面のアプリ：ViewController

25 Runで確認する

できたかどうかを、[Run] ボタンをクリックして確認しましょう。

アプリを起動すると、ランダムなRGBの値が表示されますね。[Stop] ボタンを押して停止しましょう。

実習 2つ目の画面を表示したとき、背景色を塗る

次に、「2つ目の画面を表示したとき、背景色を塗るプログラム」を作ります。

26 プログラムを入力する（3）

2つ目の画面用のプログラムを入力するので、[colorViewController.swift] ファイルを選択します。
2つ目の画面用にもRGBの値を入れておく変数を用意して、初期値に0を入れておきます。
画面が表示されるときには [viewWillAppear()] メソッドが呼び出されます。このメソッドをオーバーライドして、RGBの値を使って背景色を塗ります。
1つ目の画面から受け渡されるRGBの値は0〜255の整数ですが、UIColorでは0.0〜1.0までのCGFloat型の小数（CG用の小数）を使うので、CGFloat型に変換してから256.0で割ります。

書式 画面の背景色

```
view.backgroundColor = ＜背景色＞
```

```
 9  import UIKit
10
11  class colorViewController: UIViewController {
12
13      // RGBの変数を用意します
14      var colorR = 0
15      var colorG = 0
16      var colorB = 0
17
18      override func viewWillAppear(_ animated: Bool) {
19          super.viewWillAppear(animated)
20          // RGBから色を作ります
21          let backColor = UIColor(red: CGFloat(colorR)/256.0,
22                               green: CGFloat(colorG)/256.0,
23                                blue: CGFloat(colorB)/256.0,
24                               alpha: 1.0)
25          // 背景色を設定します
26          view.backgroundColor = backColor
27      }
28
29      override func viewDidLoad() {
30          super.viewDidLoad()
31
32          // Do any additional setup after loading the view.
```

27 Runで確認する

できたかどうかを、[Run]ボタンをクリックして確認しましょう。

[色を見る]ボタンをタップすると、画面が切り替わり、真っ黒な画面が表示されます。まだ1つ目の画面から2つ目の画面にRGBの値が受け渡されていないので、初期値の0のままで背景色が黒くなります。[Stop]ボタンを押して停止しましょう。

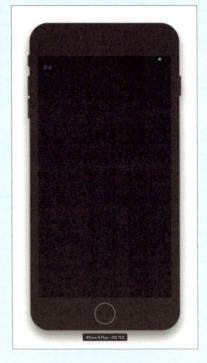

204　Chapter 6　複数画面のアプリ：ViewController

実習 **1つ目の画面から切り替わるとき、RGBの値を受け渡す**

それでは最後に、「1つ目の画面から2つ目の画面に切り替わるとき、RGBの値を渡すプログラム」
を作ります。

28 プログラムを入力する（4）

1つ目の画面から2つ目の画面に切り替わるときに、［ViewController.swift］ファイルの
［prepare()］メソッドが呼び出されます。このメソッドをオーバーライドして、データの受け渡
しを行います。

まず、2つ目の画面の変数に値を書き込むためには、2つ目の画面にアクセスする必要があります。
［segue.destination］が切り替わり先を指しているので、これに［as! colorViewController］と
指定することで、2つ目の画面にアクセスできるようになります。

colorR、colorG、colorBの値を受け渡します。

書式 画面が切り替わるときに呼び出されるメソッド

```
override func prepare(for segue: UIStoryboardSegue, sender: Any?) {
    let ＜次の画面＞ = segue.destination as! ＜次の画面のクラス名＞
    ＜次の画面にデータを受け渡す処理＞
}
```

```
19      // この画面が表示されるとき呼び出されます
20      override func viewWillAppear(_ animated: Bool) {
21          super.viewWillAppear(animated)
22          // 0～255のランダムな値を3つ作ります
23          colorR = Int(arc4random() % 256)
24          colorG = Int(arc4random() % 256)
25          colorB = Int(arc4random() % 256)
26          // 3つの色を表示します
27          colorLabel.text = "R=\(colorR) ,G=\(colorG), B=\(colorB)"
28      }
29
30      // 画面が切り替わるときに呼び出されます
31      override func prepare(for segue: UIStoryboardSegue, sender: Any?) {
32          // 切り替わり先の画面を変数に入れます
33          let nextvc = segue.destination as! colorViewController
34          // 切り替わり先の変数に、この画面の変数を入れて、受け渡します
35          nextvc.colorR = colorR
36          nextvc.colorG = colorG
37          nextvc.colorB = colorB
38      }
39
○       @IBAction func returnTop(segue: UIStoryboardSegue) {
41      }
```

chapter
6-6

205

29 Runで確認する

いよいよ完成です。[Run] ボタンをクリックして確認しましょう。

いかがですか。[色を見る] ボタンをタップするたびに、RGBの値で作られる色が背景色として表示されます。
これで、色当てアプリの完成です。

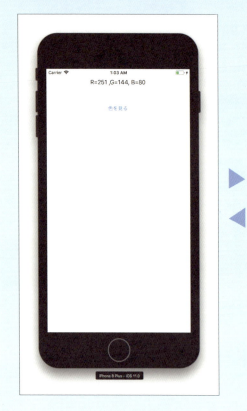

Chapter 7

一覧表示するアプリ：
Table

この章でやること

● 一覧表示するアプリのしくみを理解しましょう。

● セルを変更したり、レイアウトし直す方法を紹介します。

● Master-Detail を使って階層的に切り替わるアプリを作ります。

Chapter 7-1

リスト表示させたいときは？：TableView

テーブルビュー：たくさんのデータを表示する

テーブルビュー（UITableView）は、「複数の値をリスト表示させたいとき」に使います。デリゲート（delegate）の方法を使って表示させます。

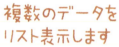

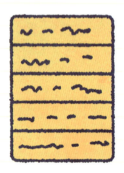

テーブルビューの構造

テーブルビューの中は、セクション（Section）と呼ばれる区切りがあり、その中にリストの各行（Row）があります。
表示する行1つ1つは、セル（Cell）といい、ここに文字が表示されたり、アイコンが表示されたり、場合によってはスイッチなどが表示されたりします。

テーブルビューの表示形式には、通常形式（Plain）と、グループ分け表示されたグループ形式（Grouped）の2種類があります（作成するときに選び、作成後に変えることはできません）。

テーブルビューの設定方法

画面に配置したテーブルビューは、アトリビュート・インスペクタで属性を設定します。

アトリビュート・インスペクタ

通常形式（Plain）

グループ形式（Grouped）

| Style | 表示スタイル
（Plain/Grouped） |

テーブルビューにデータを表示する方法

テーブルビューは、ボタンやテキストフィールドなどの部品と違い、デリゲートを使って表示したり選択したりします。

「デリゲート」は、テーブルビューがViewControllerに「データが何個ありますか？」「1列目には何を並べますか？」などと質問をしながら表示を行う方法です。

このやりとりを行うために、[UITableViewDataSource] と [UITableViewDelegate] という2つの [プロトコル] を使います。[プロトコル] とは「約束事」という意味で、この場合は「テーブルビューとViewControllerの間での連絡を行う約束事」です。

テーブルビューにデータを表示するとき、どんなデータなのかをViewControllerに質問するときに使うプロトコルが [UITableViewDataSource] です。
テーブルビューが操作されたとき、どんな操作が行われたかをViewControllerに伝えるためのプロトコルが [UITableViewDelegate] です。
テーブルビューは、この2つの [プロトコル] を使ってデータを表示します。

※「スター・ウォーズ」に登場するC-3PO（金色のヒューマノイド型ロボット）は、プロトコル・ドロイドと呼ばれていて、通訳をしたり外交儀礼を行うことで、「異なる種族や文化の仲介役」として機能しています。2つの間の連携をスムーズに行うものが「プロトコル」なのです。

プロトコルを使う準備

プロトコルを使うには、2つの準備を行います。

❶ 1つ目の準備は、インターフェイスビルダー上で、テーブルビューからViewControllerにつなぐ設定です。dataSource と delegate を設定します。

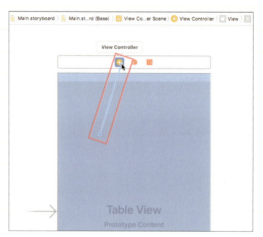

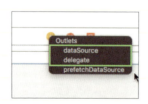

❷ 2つ目の準備は、ViewController.swiftのクラスに、プロトコルを使う設定をします。2つのプロトコル（UITableViewDataSource、UITableViewDelegate）を追加します。

```
import UIKit

class ViewController: UIViewController, UITableViewDataSource, UITableViewDelegate {
```

テーブルビューのメソッド（必ず必要）

テーブルビューを使うときは、必ず［行数］と［セルに表示する内容］を指定するメソッドが必要です。

行数：numberOfRowsInSection

何行表示するかを指定します。

書式

```
func tableView(_ tableView: UITableView, numberOfRowsInSection section: Int)
-> Int {
    return 行数
}
```

セルに表示する内容：cellForRowAt

指定された行（indexPath.row）に、どんな内容のセルを表示するかを指定します。

書式

```
func tableView(_ tableView: UITableView, cellForRowAt indexPath: IndexPath)
-> UITableViewCell {
    let cell = UITableViewCell(style: .default, reuseIdentifier: "myCell")
    cell.textLabel?.text = "文字列"
    return cell
}
```

テーブルビューのメソッド（必要なときだけ使う）

必要なときだけ指定するメソッドです。指定しなければデフォルト値が使われます。

セルの高さ：heightForRowAt

指定された行（indexPath.row）のセルの高さを指定します。

書式

```
func tableView(_ tableView: UITableView, heightForRowAt indexPath:
IndexPath) -> CGFloat {
    return セルの高さ
}
```

chapter
7-1

211

セクション数：numberOfSections

テーブルビューにセクションがいくつあるかを指定します。指定しなければセクション数は1つです。

書式

```
func numberOfSections(in tableView: UITableView) -> Int {
    return セクション数
}
```

セクションのヘッダー文字：titleForHeaderInSection

指定されたセクション（section）に、どのようなタイトル文字を表示するかを指定します。指定しなければセクションタイトル文字は表示されません。

書式

```
func tableView(_ tableView: UITableView, titleForHeaderInSection section:
Int) -> String? {
    return "ヘッダーの文字列"
}
```

セクションのヘッダーの高さ：heightForHeaderInSection

指定されたセクション（section）のタイトルの高さを指定します。

書式

```
func tableView(_ tableView: UITableView, heightForHeaderInSection section:
Int) -> CGFloat {
    return ヘッダーの高さ
}
```

セクションのフッター：titleForFooterInSection

指定されたセクション（section）に、どのようなフッター文字を表示するかを指定します。指定しなければセクションフッター文字は表示されません。

212　**Chapter 7**　一覧表示するアプリ：Table

書式

```
func tableView(_ tableView: UITableView, titleForFooterInSection section:
Int) -> String? {
    return "フッターの文字列"
}
```

セクションのフッターの高さ：heightForFooterInSection

指定されたセクション（section）のフッターの高さを指定します。

書式

```
func tableView(_ tableView: UITableView, heightForFooterInSection section:
Int) -> CGFloat {
    return フッターの高さ
}
```

選択されたときに呼び出されるメソッド：didSelectRowAt

テーブルビューで、ある行が選択されたときに呼び出されるメソッドです。

指定された行（indexPath.row）が選択されたときに、行う処理を書きます。

書式

```
func tableView(_ tableView: UITableView, didSelectRowAt indexPath:
IndexPath) {
    //  実行すること
}
```

Chapter 7-2

セルの表示を変更したいときは？

UITableViewCell：セルの表示を変更する

テーブルビュー（UITableView）に表示する各行のことをセル（UITableViewCell）といいます。
セルの中にはラベルやイメージなどを表示することができますが、その表示方法やレイアウトは変更することができます。
変更する方法は、大きく分けて2通りあります。

❶ セルの種類を選択して変更する方法
❷ セルを自由にレイアウトして作る方法

まずは「セルの種類を選択して変更する方法」について解説します。

セルの種類を選択して変更する方法

種類を指定して、セルを作る

セルの種類は、4種類あります。

[UITableViewCell()] メソッドでセルを作るときに、[style] の引数でセルの種類を指定します。

書式

```
var ＜セル名＞ = UITableViewCell(style: ＜セルの種類＞, reuseIdentifier: ＜セルID＞ )
```

.default	textLabel
	textLabel が左に。detailTextLabel は非表示
.value1	textLabel detailTextLabel
	textLabel が左に。detailTextLabel が右に薄く
.value2	textLabel detailTextLabel
	textLabel が左に青く。detailTextLabel が中央に
.subtitle	textLabel detailTextLabel
	textLabel が上に。detailTextLabel が下に

例 サブタイトルを表示する

```
let cell = UITableViewCell(style: .subtitle,
                           reuseIdentifier: "myCell")
```

chapter
7-2

215

セルのプロパティ

セルのプロパティを設定することで、表示を変更することができます。

セルの高さを設定する：var rowHeight: CGFloat

セルの高さを設定するときは、セルではなく、セルを表示しているテーブルビューの方の、rowHeight プロパティに高さを数値で設定します。

書式

```
<テーブルビュー名>.rowHeight = <高さ>
```

例 セルの高さを100にする

```
tableView.rowHeight = 100
```

文字内容を設定する：var textLabel, detailTextLabel: UILabel?

通常のテキストを設定するときは、textLabelの、textプロパティを設定します。
サブテキストを設定するときは、detailTextLabelの、textプロパティを設定します。

書式

```
<セル名>.textLabel?.text = "文字列"
<セル名>.detailTextLabel?.text = "文字列"
```

※ textLabel や detailTextLabel の後に？がついているのは、セルの種類によっては textLabel や detailTextLabel がなくて nil の場合もありうるからです。imageView もセルの種類によってはない場合があるので？をつけます。

この「?」は、「セルの種類によってはこの部品はないかもね？」という意味です。

例 詳細テキストに「サブテキスト」と表示する

```
cell.detailTextLabel?.text = "サブテキスト"
```

216　**Chapter 7**　一覧表示するアプリ：Table

文字の色を設定する：var textColor: UIColor!

セルの文字色を設定するときは、通常テキストラベル（textLabel?）か詳細テキストラベル（detailTextLabel?）の、textColorプロパティに色をUIColorで設定します。

書式

```
＜セル名＞.textLabel?.textColor = ＜色＞
＜セル名＞.detailTextLabel?.textColor = ＜色＞
```

例 詳細テキストの文字の色を青にする

```
cell.textLabel?.textColor = UIColor.blue
```

セルの背景色を設定する：var backgroundColor: UIColor?

backgroundColorプロパティで、背景色を設定します。

書式

```
＜セル名＞.backgroundColor = ＜色＞
```

例 セルの背景色を茶色にする

```
cell.backgroundColor = UIColor.brown
```

フォントやサイズを設定する：var textLabel.font: UIFont!

ラベルのフォントやサイズを設定するときは、通常テキストラベル（textLabel?）か詳細テキストラベル（detailTextLabel?）の、fontプロパティにフォントをUIFontで設定します。

書式

```
＜セル名＞.textLabel?.font = ＜フォント名＞
＜セル名＞.detailTextLabel?.font = ＜フォント名＞
```

例 システムフォントでサイズ24で表示する

```
cell.textLabel?.font = UIFont.systemFont(ofSize: 24)
```

セルのアクセサリを設定する：UITableViewCellAccessoryType

セルの右端に詳細ボタンやチェックマークを表示するときは、accessoryTypeプロパティにアクセサリタイプを設定します。

書式

```
<セル名>.accessoryType = <アクセサリタイプ>
```

.none	textLable アクセサリなし
.disclosureIndicator	textLable　　　　　　　　　　　　　　>　 右向き矢印
.detailDisclosureButton	textLable　　　　　　　　　　　ⓘ　>　 右向き矢印＋詳細ボタン
detailButton	textLable　　　　　　　　　　　　　ⓘ　 詳細ボタン
.checkmark	textLable　　　　　　　　　　　　　✓　 チェックマーク

例 チェックマークをつける

```
cell.accessoryType = .checkmark
```

218　**Chapter 7**　一覧表示するアプリ：Table

Chapter 7-3

テーブルビューでアプリを作ろう

ここでやること
- アプリの画面を作る。
- プロトコルを設定する。
- 部品をつないで、プログラムを作る。

実習 テーブルビューでフォント一覧アプリを作ろう！

それでは［テーブルビュー］を使って、簡単なアプリを作ってみましょう。

[難易度] ★★☆☆☆

どんなアプリ？

iOSで使えるフォント名一覧を、それぞれのフォントを使ったサンプル文字と一緒に表示します。

作ってみます

219

アプリのしくみ

①アプリの画面いっぱいに、テーブルビューが表示されます。

②アプリが表示されたら、配列にフォント名を準備しておき、テーブルビューのデリゲートメソッドに答えるようにプログラムします。

［行数は？］という問いには、配列の個数を答えます。

［表示するセルは？］という問いには、配列から作った「フォントのサンプル文字列」と「フォント名の文字列」を表示するように答えます。

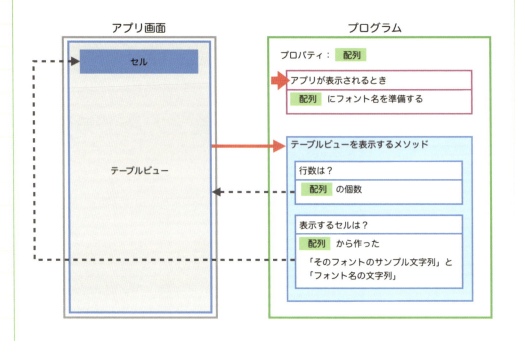

それでは「フォントリストアプリ」を作りましょう。

実習 アプリの画面を作る

まずは「画面」から作っていきます。画面に「テーブルビュー」を配置して、AutoLayoutの設定を行います。

1 新規プロジェクトを作る

[Create a new Xcode project] ボタンをクリックして新規プロジェクトを作ります。

2 テンプレートを選ぶ

[Single View App] を選択して、[Next] ボタンをクリックします。

3 プロジェクトの初期設定をする

プロジェクト名は、「fontList」にしましょう。基本情報を以下のように入力して、[Next] ボタンをクリックし、プロジェクトの保存先を選択して [Create] ボタンをクリックします。

- Product Name：fontList
- Team：None
- Organization Name：myname
- Organization Identifier：com.myname
- Language：Swift
- Use Core Data：オフ
- Include Unit Tests：オフ
- Include UI Tests：オフ

4 インターフェイスビルダーに切り換える

ナビゲータエリアで［Main.storyboard］ファイルを選択すると、インターフェイスビルダーが表示されます。

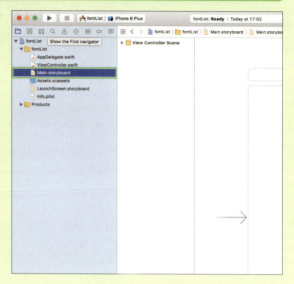

5 テーブルビューを配置する

ライブラリペインから、画面へ［Table View］をドラッグ＆ドロップして配置します。

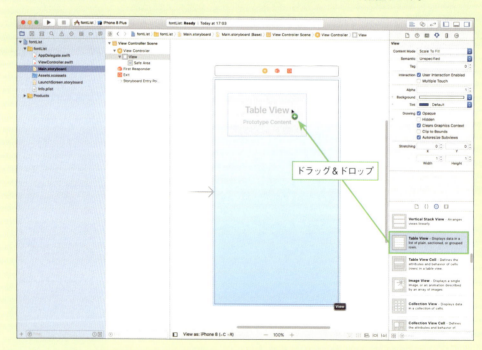

6 テーブルビューを画面いっぱいに調整する

テーブルビューを「画面いっぱいに表示する」ように設定してみましょう。[Add New Constraints]ダイアログを表示します。

「上からの距離」「右からの距離」「左からの距離」「下からの距離」に「0」を入力して、[Constrain to margins]のチェックをオフにして、[Add 4 Constraints]ボタンをクリックします。

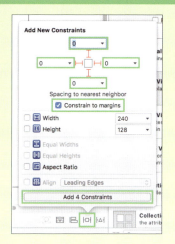

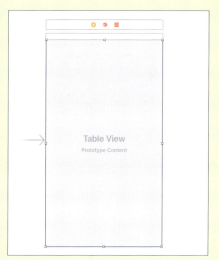

7 Runで確認する

それでは、ここまで作ったものを確認してみましょう。[Run]ボタンをクリックして、実行です。画面に空のリストが表示されるのがわかりますね。[Stop]ボタンを押して停止しましょう。

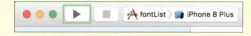

実習 プロトコルを設定する

テーブルビューを使うので、プロトコルを使う準備を行います。
「テーブルビューからViewControllerにつなぐ設定」と「ViewControllerクラスに、プロトコルの追加」の2つの準備を行います。

8 テーブルビューからViewControllerにつなぐ設定

テーブルビューからdataSourceとdelegateを設定します。
まず、テーブルビューからViewControllerに線をドラッグすると、メニューが出るので、[dataSource]を選択します。

再び、テーブルビューからViewControllerにつないで、今度は[delegate]を選択します。

テーブルビューの上で右クリック（control + クリック）すると接続されたことが確認できます。

224　Chapter 7　一覧表示するアプリ：Table

9 ViewControllerクラスに、プロトコルの追加

[ViewController.swift] ファイルを選択します。
ViewController.swiftのクラスに、2つのプロトコル(UITableViewDataSource、UITableViewDelegate)を追加します。プロトコル(UITableViewDataSource、UITableViewDelegate)を追加します。

※赤い❗のエラーが表示されますが、これは［行数］と［セルに表示する内容］を渡すプログラムがないというエラーです。この後、プログラムを書いていくとこのエラーは消えます。

実習 部品をつないで、プログラムを作る

次は部品とプログラムをつないで、動かすプログラムを作っていきましょう。
テーブルビューに配列の中身を表示するので、以下のように作っていきます。

- アプリが表示されるとき、配列にフォント名を入れるプログラム
- テーブルビューに［行数］を渡すプログラム
- テーブルビューに［セルに表示する内容］を渡すプログラム

10 アプリが表示されるとき、配列にフォント名を入れるプログラム

プログラムを入力しましょう。（わかりやすいようにコメント文(//)を入れていますが、コメント文は入力しなくても動きます。）
配列にフォント名を準備します。

UIFontの「UIFont.familyNames()」には「フォントファミリー名」が配列で入っています。「フォントファミリー名」の中にファイル名が配列で入っているので、「UIFont.fontNames(forFamilyName:〜)」を使って1つずつフォント名を取り出して、配列に追加していきます。

```swift
 9  import UIKit
10
11  class ViewController: UIViewController, UITableViewDataSource,
        UITableViewDelegate {
12
13      // フォント名を入れる配列（文字列型の配列）を用意します
14      var fontName_array:[String] = []
15
16      override func viewDidLoad() {
17          super.viewDidLoad()
18          // フォントファミリー名を全て調べます
19          for fontFamilyName in UIFont.familyNames {
20              // そのフォントファミリー名が持っているフォント名を全て調べます
21              for fontName in UIFont.fontNames(forFamilyName:
                    fontFamilyName as String) {
22                  // フォント名を配列に追加します
23                  fontName_array.append(fontName)
24              }
25          }
26      }
27
28      override func didReceiveMemoryWarning() {
29          super.didReceiveMemoryWarning()
30          // Dispose of any resources that can be recreated.
31      }
```

11 テーブルビューに[行数]を渡すプログラム

フォント名の個数は、[＜用意したフォント名の配列＞.count] でわかるので、これをテーブルビューの [行数] として指定します。

```swift
16      override func viewDidLoad() {
17          super.viewDidLoad()
18          // フォントファミリー名を全て調べます
19          for fontFamilyName in UIFont.familyNames {
20              // そのフォントファミリー名が持っているフォント名を全て調べます
21              for fontName in UIFont.fontNames(forFamilyName:
                    fontFamilyName as String) {
22                  // フォント名を配列に追加します
23                  fontName_array.append(fontName)
24              }
25          }
26      }
27
28      // テーブルビューの行数
29      func tableView(_ tableView: UITableView, numberOfRowsInSection
            section: Int) -> Int {
30          return fontName_array.count
31      }
32
33      override func didReceiveMemoryWarning() {
34          super.didReceiveMemoryWarning()
35          // Dispose of any resources that can be recreated.
36      }
37
```

226   Chapter 7   一覧表示するアプリ：Table

12 テーブルビューに［セルに表示する内容］を渡すプログラム

テーブルビューの［セル］には、フォント名と、サンプル文字を表示させます。
2つの文字を表示させるので、セルの種類を「.subTitle」にします。
フォント名は、フォント名の配列から［indexPath.row］を使って取り出します。
textLabelには、指定したフォントでサンプル文字を表示します。
detailTextLabelには、フォント名を文字列として表示します。

```swift
28      // テーブルビューの行数
29      func tableView(_ tableView: UITableView, numberOfRowsInSection
            section: Int) -> Int {
30          return fontName_array.count
31      }
32
33      // セルの表示内容
34      func tableView(_ tableView: UITableView, cellForRowAt indexPath:
            IndexPath) -> UITableViewCell {
35          // セルを作ります（2つのラベルを表示できる［.subtitle］）
36          let cell = UITableViewCell(style: .subtitle,
                reuseIdentifier: "myCell")
37          // このセルに表示するフォント名を取得します
38          let fontname = fontName_array[indexPath.row]
39          // テキストに、指定したフォントでサンプル文字を表示します
40          cell.textLabel?.font = UIFont(name: fontname, size: 18)
41          cell.textLabel?.text = "ABCDE abcde 012345 あいうえお"
42          // サブテキストに、フォント名を表示します
43          cell.detailTextLabel?.textColor = UIColor.brown
44          cell.detailTextLabel?.text = fontname
45          return cell
46      }
47
48      override func didReceiveMemoryWarning() {
49          super.didReceiveMemoryWarning()
50          // Dispose of any resources that can be recreated.
51      }
```

13 Runで確認する

［Run］ボタンをクリックして、実行してみましょう。

いかがですか。フォントのリストが表示されます。
これで、フォントリストアプリの完成です。

Chapter 7-4

セルを自由にレイアウトしたいときは？

ここでやること
- タグでアクセスするセルを作る。
- カスタムクラスでアクセスするセルを作る。

UITableViewCell：
セルを自由にレイアウトして作る方法

「セルを自由にレイアウトして作る方法」には、大きく分けて2つの方法があります。

❶ 部品にタグをつけて、タグでアクセスする方法
❷ セルのカスタムクラスを作って、アクセスする方法

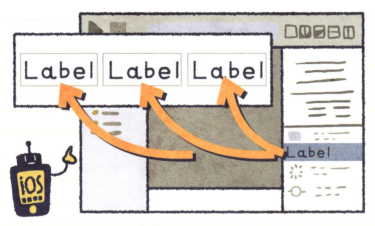

自由にレイアウトできます

まずは「部品にタグをつけて、タグでアクセスする方法」について解説します。

実習 ❶ 部品にタグをつけて、タグでアクセスする方法

テーブルビューに自作用のセルを追加して、部品を並べて自由にレイアウトします。
その追加した部品に［タグ］という番号をつけて、プログラムではその［タグ］番号を使って部品にアクセスする方法です。主に以下の手順で作成します。

1. テーブルビューに自作用のセルを追加する
2. 追加したセルに［Identifier］をつける
3. 追加したセルの中に部品 (ラベルなど) を追加する
4. 追加した部品に［タグ(Tag)］をつける
5. プログラムで［タグ］を使ってオブジェクトにアクセスする

タグでアクセスするセルの作り方

どのように作るのか、作りながら試してみましょう。「セルのラベルにタグ番号をつけて、そのタグ番号を使って"こんにちは"と表示するプログラム」を作ってみます。
P.219～P.227の手順で「フォント名一覧アプリ」のプロジェクトを作ってください。これを使って説明していきます。

1 テーブルビューに自作用のセルを追加する

テーブルビューの中へ、ライブラリペインから「UITableViewCell」をドラッグ＆ドロップして追加します。

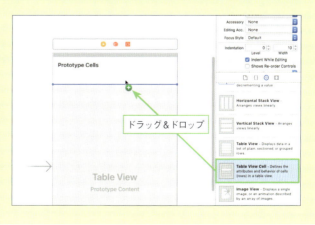

2 追加したセルに［Identifier］をつける

セルを選択して、アトリビュート・インスペクタの［Identifier］に、セルIDを設定します。セルIDは文字列で自由に設定することができます（例：myCell）。

3 追加したセルの中に部品（ラベル）を追加する

セルの中へ、ライブラリペインからLabelなどを、ドラッグして配置し、文字を表示しやすいように少し大きくしておきます。

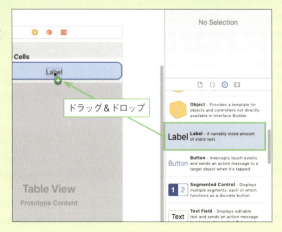

4 追加した部品に［タグ（Tag）］をつける

ラベルを選択して、アトリビュート・インスペクタの［View］＞［Tag］に通し番号をつけます。セル内にレイアウトしたオブジェクトには、この番号でアクセスします（例：1）。

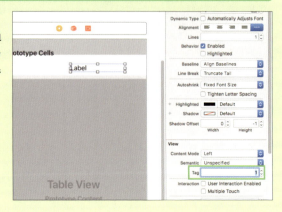

5 プログラムで[タグ]を使ってオブジェクトにアクセスする

タグ番号を使ってオブジェクトを取り出して、そのオブジェクトに設定をします。

書式

```
<オブジェクト名> = cell.viewWithTag(<タグ番号>) as UILabel
```

```swift
func tableView(_ tableView: UITableView, cellForRowAt indexPath:
    IndexPath) -> UITableViewCell {
    // 自作したセルオブジェクトを作ります
    let cell = tableView.dequeueReusableCell(withIdentifier:
        "myCell", for: indexPath)
    // タグ番号でオブジェクトにアクセスできたら、文字を表示します
    if let label1 = cell.viewWithTag(1) as? UILabel {
        label1.text = "こんにちは"
    }
    return cell
}
```

実習 ② セルのカスタムクラスを作って、アクセスする方法

[カスタムクラス] とは、あるクラスを元にして(継承して)新しいクラスを作り、そこにプロパティやメソッドを追加して、新しい機能を追加したクラスのことです。「ほとんど同じようだけれど、改造することができる独自クラス」です。

テーブルビューに自作用のセルを追加して、部品を並べて自由にレイアウトします。
その自作用のセルにカスタムクラスを設定し、自作用のセルにします。
そのセルに並べた部品は、アウトレット接続して名前をつけることができます。プログラムからは、その名前で部品にアクセスすることができるようになります。

主に以下の手順で作成します。

1 テーブルビューに自作用のセルを追加する
2 追加したセルに [Identifier] をつける
3 追加したセルの中に部品(ラベルなど)を追加する

231

4 UITableViewCell を継承してカスタムクラスを作る
5 自作用のセルに、カスタムクラスを設定する
6 セル上のラベルをアウトレット接続して、ラベル名をつける
7 プログラムでラベル名を使ってオブジェクトにアクセスする

カスタムクラスでアクセスするセルの作り方

どのように作るのか、作りながら試してみましょう。「セルのラベルにタグ番号をつけて、そのタグ番号を使って"こんにちは"と表示するプログラム」を作ってみます。P.219〜P.227の手順で「フォント名一覧アプリ」のプロジェクトを作ってください。これを使って説明していきます。

1 テーブルビューに自作用のセルを追加する

テーブルビューの中へ、ライブラリペインから「UITableViewCell」をドラッグ＆ドロップして追加します。

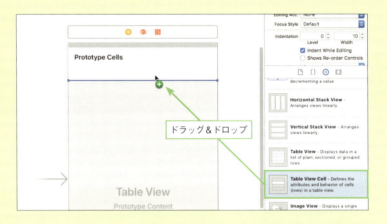

2 追加したセルに［Identifier］をつける

セルを選択して、アトリビュート・インスペクタの［Identifier］に、セルIDを設定します。セルIDは文字列で自由に設定することができます（例：myCell）。

3 追加したセルの中に部品（ラベル）を追加する

セルの中へ、ライブラリペインからLabelなどを、ドラッグして配置します。

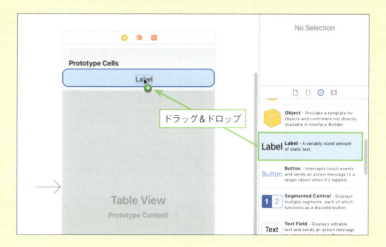

4 UITableViewCellを継承してカスタムクラスを作る

プロジェクトナビゲータの上で右クリック（control ＋ クリック）して［New File...］を選択します。

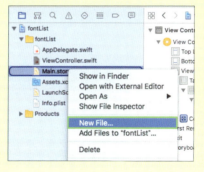

［iOS］＞［Source］＞［Cocoa Touch Class］を選択してから［Next］ボタンを選択します。

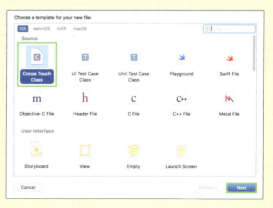

［subclass of］で［UITableViewCell］を選んで、［Class］にカスタムクラス名（例：myTableViewCell）を入力してから［Next］ボタン［Create］ボタンを押します。

- Class：［myTableViewCell］と入力
- subclass of：［ViewController］
- Also create XIB file：チェックははずす
- Language：Swift

5 自作用のセルに、カスタムクラスを設定する

セルを選択して、ユーティリティエリアで［アイデンティティ・インスペクタ］を選択し、［Custom Class］＞［Class］を［myTableViewCell］にします。

6 セル上のラベルをアウトレット接続して、ラベル名をつける

アシスタントエディターに切り換えて、ラベルを選択します。

右上のジャンプバーの［Automatic］を選択するとメニューが現れるので、カスタムクラスの方を選択します。

アウトレット接続して、名前をつけます（例：myLabel）。

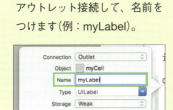
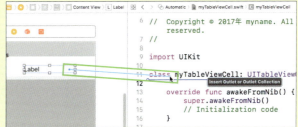

7 プログラムでラベル名を使ってオブジェクトにアクセスする

カスタムクラスのラベル名を使ってアクセスします。

書式 カスタムクラスで作ったセルオブジェクトを作る

```
let ＜セル名＞ = self.tableView.dequeueReusableCell(withIdentifier:"セルID", for:IndexPath as indexPath) as! ＜カスタムクラス名＞
```

書式 カスタムクラスのラベルに文字列を設定する

```
＜セル名＞.＜ラベル名＞.text = "文字列"
```

例 カスタムセルに作ったラベルに「こんにちは」と表示する

```swift
func tableView(_ tableView: UITableView, cellForRowAt indexPath: IndexPath) -> UITableViewCell {
    // 自作したセルオブジェクトを作ります
    let cell = tableView.dequeueReusableCell(withIdentifier:
        "myCell", for: indexPath) as! myTableViewCell
    // カスタムせるの中に作ったラベルにアクセスします
    cell.myLabel.text = "こんにちは"
    return cell
}
```

chapter 7-4

235

Chapter 7-5

Master-Detailでアプリを作ろう
【画面デザイン編】

ここでやること
- Master-Detail App テンプレートでアプリを作る。
- 編集機能を削除する。
- テストデータを表示する。

Master-Detail Appは、階層的に切り替わるアプリ

新しくアプリを作るとき、テンプレートで［Master-Detail App］を選択して作成を開始すると「マスター画面（一覧画面）とディテール画面（詳細画面）が切り替わるアプリ」を作ることができます。マスター画面はテーブルビューを使った画面で、1つの行を選択すると画面がスライドしてディテール画面に切り替わります。この「階層的に切り替わる機能」をナビゲーションコントロールといいます。

実習 写真一覧アプリを作ろう！

それでは［Master-Detail App］テンプレートを使って、［写真一覧アプリ］を作ってみましょう。

［難易度］★★★☆☆

どんなアプリ？

たくさんの写真を見ていけるアプリです。
マスター画面には写真の名前がリスト表示されています。リストの中から1つを選択すると、ディテール画面に切り替わりその写真を大きく表示します。

作ってみます

アプリのしくみ

① アプリの画面いっぱいに、テーブルビューが表示されます。
② ［Master-Detail App］テンプレートを使って作ります。
　（デフォルトでついている編集機能プログラムは不要なので削除して使います。）

アプリが表示されたら、配列に写真ファイル名を準備して、テーブルビューに表示します。
セルが選択されたら、ディテール画面に切り替わり、マスター画面から受け渡されたファイル名の写真を画面いっぱいに表示します。
マスター画面からディテール画面に切り替わるときに、選択された写真名をディテール画面に受け渡します。

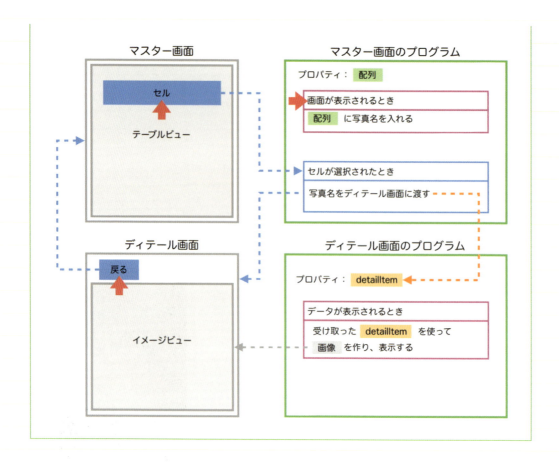

実習 アプリの画面を作る

まずは「画面」から作っていきます。画面に「テーブルビュー」を配置して、AutoLayoutの設定を行います。

2 プロジェクトの初期設定をする

プロジェクト名は、「photoCatalog」にしましょう。基本情報を以下のように入力して、[Next]ボタンをクリックし、プロジェクトの保存先を選択して[Create]ボタンをクリックします。

- Product Name：photoCatalog
- Team：None
- Organization Name：myname
- Organization Identifier：com.myname
- Language：Swift
- Use Core Data：オフ
- Include Unit Tests：オフ
- Include UI Tests：オフ

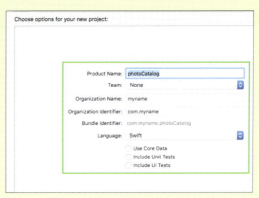

プロジェクトナビゲータを見ると、[ViewController.swift]の代わりに2つのファイルがあります。
[MasterViewController.swift]がマスター画面用のプログラムファイル、[DetailViewController.swift]がディテール画面用のプログラムファイルです。

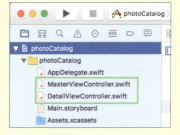

3 Runで確認する

[Master-Detail App]テンプレートは、現在の日時をリストに追加できるサンプルアプリが作れるようになっています。
まずはテンプレートで作っただけの状態で、[Run]ボタンをクリックして確認しましょう。空のテーブルビューが表示されます。これがマスター画面です。

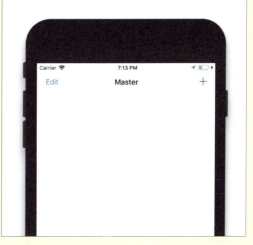

右上の［＋］ボタンをタップすると、現在の
日時が追加されていきます。

各行を選択すると、画面がスライドして選択
したディテール画面に切り替わります。
［＜ Master］ボタンを押すと元の画面に戻り
ます。

左上の［Edit］ボタンをタップすると、削除
ボタンが表示され、クリックすると削除する
ことができます。

実習 リストの編集機能を削除

[Master-Detail App］テンプレートには、現在の日時をリストに追加＆削除できる編集機能がついています。これから作る「写真一覧アプリ」には必要ありませんから、まずは編集機能を削除します。（この本では、どこを削除したかがわかるようにコメントにすることで削除していますが、本当に削除してしまってもかまいません。）

4 編集機能をコメントにして削除

[MasterViewController.swift］を選択します。

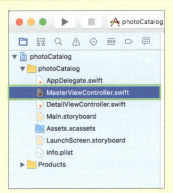

[viewDidLoad()］の［super.viewDidLoad()］以外をコメントにします。
これで「Edit」「＋」ボタンが非表示になります。

```swift
17    override func viewDidLoad() {
18        super.viewDidLoad()
19        /*
20        // Do any additional setup after loading the view, typically from a nib.
21        navigationItem.leftBarButtonItem = editButtonItem
22
23        let addButton = UIBarButtonItem(barButtonSystemItem: .add, target: self, action:
              #selector(insertNewObject(_:)))
24        navigationItem.rightBarButtonItem = addButton
25        if let split = splitViewController {
26            let controllers = split.viewControllers
27            detailViewController = (controllers[controllers.count-1] as!
                  UINavigationController).topViewController as? DetailViewController
28        }
29        */
30    }
31
32    override func viewWillAppear(_ animated: Bool) {
33        clearsSelectionOnViewWillAppear = splitViewController!.isCollapsed
```

データの追加をするメソッドは不要なので、［func insertNewObject(__ sender: Any) { }］メソッドをコメントにします。

```
37      override func didReceiveMemoryWarning() {
38          super.didReceiveMemoryWarning()
39          // Dispose of any resources that can be recreated.
40      }
41
42      /*
43      @objc
44      func insertNewObject(_ sender: Any) {
45          objects.insert(NSDate(), at: 0)
46          let indexPath = IndexPath(row: 0, section: 0)
47          tableView.insertRows(at: [indexPath], with: .automatic)
48      }
49      */
50
51      // MARK: - Segues
52
53      override func prepare(for segue: UIStoryboardSegue, sender: Any?) {
```

データの編集をするメソッドは不要なので、2つのメソッドをコメントにします。
「override func tableView(__ tableView: UITableView, canEditRowAt indexPath: IndexPath)
-> Bool { }」と「override func tableView(__ tableView: UITableView, commit editingStyle:
UITableViewCellEditingStyle, forRowAt indexPath: IndexPath) { }」の2つです。

```
75      override func tableView(_ tableView: UITableView, cellForRowAt indexPath: IndexPath) ->
        UITableViewCell {
76          let cell = tableView.dequeueReusableCell(withIdentifier: "Cell", for: indexPath)
77
78          let object = objects[indexPath.row] as! NSDate
79          cell.textLabel!.text = object.description
80          return cell
81      }
82
83      /*
84      override func tableView(_ tableView: UITableView, canEditRowAt indexPath: IndexPath) ->
        Bool {
85          // Return false if you do not want the specified item to be editable.
86          return true
87      }
88
89      override func tableView(_ tableView: UITableView, commit editingStyle:
        UITableViewCellEditingStyle, forRowAt indexPath: IndexPath) {
90          if editingStyle == .delete {
91              objects.remove(at: indexPath.row)
92              tableView.deleteRows(at: [indexPath], with: .fade)
93          } else if editingStyle == .insert {
94              // Create a new instance of the appropriate class, insert it into the array, and
                    add a new row to the table view.
95          }
96      }
97      */
98
99  }
```

242　**Chapter 7**　一覧表示するアプリ：Table

5 Runで確認する

[Run] ボタンをクリックして確認しましょう。

ナビゲーションバーの左右にあった「Edit」「＋」ボタンがなくなり、編集機能がなくなりました。[Stop] ボタンを押して停止しましょう。

実習 テストデータを表示させる

空のテーブルビューでは、ちゃんと動いているのかわかりにくいですね。
まず、テストデータを配列に用意して、それを表示させてみましょう。

6 テスト用の文字列を配列に用意する

配列 [objects] が表示するデータなので、ここに初期値としてテスト用の文字列を用意します。

```
 9  import UIKit
10
11  class MasterViewController: UITableViewController {
12
13      var detailViewController: DetailViewController? = nil
14      var objects = ["まぐろ","サーモン","えび","はまち","いか","うなぎ"]
15
16
17      override func viewDidLoad() {
18          super.viewDidLoad()
```

7 文字列データを扱うように修正する

テンプレートのプログラムは、日時データ（NSData）を使って表示させていました。これを、文字列を扱って表示させるように修正します。

行が選択されたときのメソッド［prepare()］の中で扱っているので、次のように修正します。一時的にエラーの表示が出ますが、このあと［DetailViewController.swift］を修正すると、エラーはなくなります。

修正前

```
54      let object = objects[indexPath.row] as! NSDate
```

修正後

```
54      let object = objects[indexPath.row]
```

```
53      override func prepare(for segue: UIStoryboardSegue, sender: Any?) {
54          if segue.identifier == "showDetail" {
55              if let indexPath = tableView.indexPathForSelectedRow {
56                  let object = objects[indexPath.row]
57                  let controller = (segue.destination as!
                        UINavigationController).topViewController as! DetailViewController
58                  controller.detailItem = object    ⊘ Cannot assign value of type 'String' to type 'NSDate?'
59                  controller.navigationItem.leftBarButtonItem =
                        splitViewController?.displayModeButtonItem
60                  controller.navigationItem.leftItemsSupplementBackButton = true
61              }
62          }
63      }
```

行を表示するメソッド［override func tableView(_ tableView: UITableView, cellForRowAt indexPath: IndexPath) -> UITableViewCell］の中でも、扱っているところがあるので修正します。

修正前

```
76      let object = objects[indexPath.row] as! NSDate
```

修正後

```
76      let object = objects[indexPath.row]
```

```
75      override func tableView(_ tableView: UITableView, cellForRowAt indexPath: IndexPath) ->
            UITableViewCell {
76          let cell = tableView.dequeueReusableCell(withIdentifier: "Cell", for: indexPath)
77
78          let object = objects[indexPath.row]
79          cell.textLabel!.text = object.description
80          return cell
81      }
```

[DetailViewController.swift]を選択して、こちらも修正します。

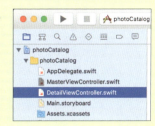

修正前

```
36      var detailItem: NSDate? {
```

修正後

```
36      var detailItem: String? {
```

```
31      override func didReceiveMemoryWarning() {
32          super.didReceiveMemoryWarning()
33          // Dispose of any resources that can be recreated.
34      }
35
36      var detailItem: String? {
37          didSet {
38              // Update the view.
39              configureView()
40          }
41      }
```

8 Runで確認する

それでは、[Run]ボタンをクリックして確認しましょう。

アプリを起動すると寿司ネタが表示されます。

各行を選択しましょう。詳細画面に切り替わりその名前が表示されますね。これでテストは完了です。[Stop]ボタンを押して停止しましょう。

Chapter 7-6

Master-Detailでアプリを作ろう
【プログラム編】

ここでやること
- プロジェクトに画像を追加して、配列をファイル名に修正する。
- ディテール画面のラベルを削除して、イメージビューを追加する。
- 画像を表示する。

写真一覧アプリを修正する

Chapter 7-5までで、[Master-Detail App] で、テスト用の文字列を表示できるようになりました。次は画像を追加して、画像を表示するアプリに修正しましょう。
マスター画面に写真名を一覧表示させて、選択したらディテール画面にその画像を表示します。

以下のように少しずつ作って、確認しながら進めていきたいと思います。

- プロジェクトに画像を追加して、配列をファイル名に修正する
- ディテール画面のラベルを削除して、イメージビューを追加する
- 画像を表示する

実習 プロジェクトに画像を追加して、配列をファイル名に修正する

9 プロジェクトに画像ファイルを追加する

表示する画像ファイルを用意して、プロジェクトに追加しましょう。まず［Assets.xcassets］を選択します。次に、画像ファイルを［AppIcon］の下にドラッグします。すると、画像ファイルが追加されます。

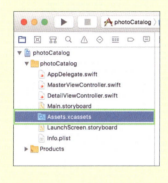
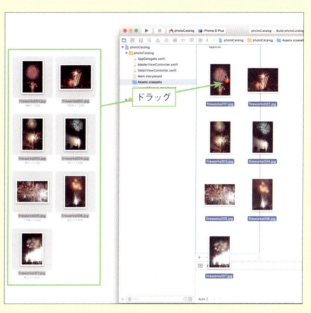

ドラッグ

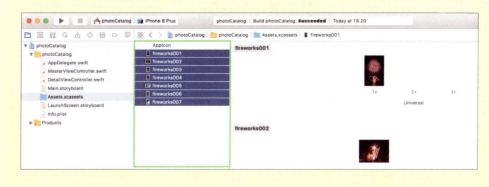

10 配列の文字列を修正する

配列［objects］の文字列を、画像ファイル名に修正します。

```
 9  import UIKit
10
11  class MasterViewController: UITableViewController {
12
13      var detailViewController: DetailViewController? = nil
14      var objects = ["fireworks001","fireworks002","fireworks003","fireworks004",
15                     "fireworks005","fireworks006","fireworks007"]
16
17      override func viewDidLoad() {
18          super.viewDidLoad()
```

さらに、マスター画面のタイトルを［花火一覧］に変更しましょう。

書式 マスター画面のタイトルを設定する

```
self.title = ＜タイトル名＞
```

［viewDidLoad()］メソッドの中に記述します。

```
13      var detailViewController: DetailViewController? = nil
14      var objects = ["fireworks001","fireworks002","fireworks003","fireworks004",
15                     "fireworks005","fireworks006","fireworks007"]
16
17      override func viewDidLoad() {
18          super.viewDidLoad()
19          self.title = "花火一覧"
20          /*
21          // Do any additional setup after loading the view, typically from a nib.
```

11 Runで確認する

［Run］ボタンをクリックして確認しましょう。

アプリを起動すると花火一覧と表示されて、ファイル名が表示されます。

各行を選択しましょう。詳細画面に切り替わりそのファイル名が表示されますね。［Stop］ボタンを押して停止しましょう。

実習 ディテール画面のラベルを削除して、イメージビューを追加する

ディテール画面にファイル名が表示されたので、次はこの名前を使って詳細画面に画像を表示させましょう。ディテール画面のラベルを削除して、代わりにイメージビューを追加します。

12 ラベルを削除する

[Main.storyboard] を選択しましょう。[Master-Detail App] は最初からたくさんの画面の組み合わせでできていることがわかります。

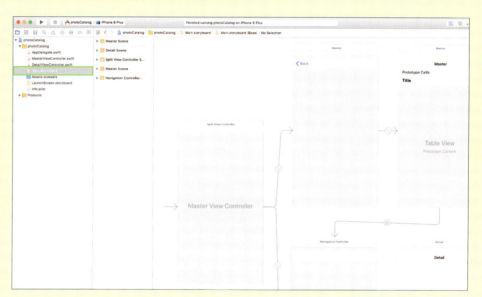

この中の [Detail] 画面の中央にあるラベルを選択して、メニューから「Edit＞Cut」を選択して削除します。

13 ラベル名を削除する

[DetailViewController.swift] を選択して、ラベル名を削除します。
[@IBOutlet weak var detailDescriptionLabel: UILabel!] の行を選択して削除します。

修正前

修正後

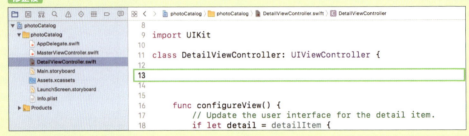

14 イメージビューを追加して、画面いっぱいに設定する

[Main.storyboard] を選択して、ライブラリペインから「ImageView」を [Detail] 画面へドラッグ＆ドロップして配置します。

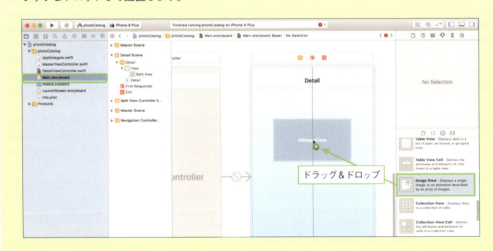

［アトリビュート・インスペクタ］の表示を調整します。
［View］＞［Mode］で［Aspect Fill］を選択します。

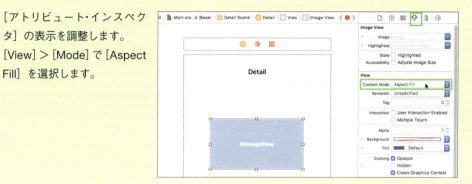

さらに、イメージビューを「画面いっぱいに表示する」ようにAutoLayoutを設定します。［Add New Constraints］ダイアログを表示します。
「上からの距離」「右からの距離」「左からの距離」「右からの距離」に「0」を入力して、［Constrain to margins］のチェックをオフにして、［Add 4 Constraints］ボタンをクリックします。

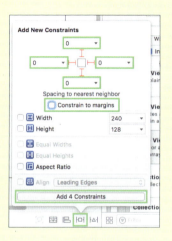

これでイメージビューが画面いっぱいに広がります。

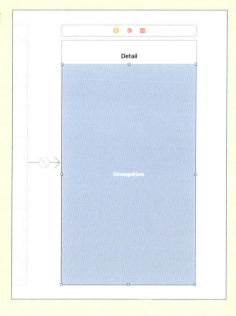

15 アシスタントエディターに切り換える

ツールバー右上の［アシスタントエディター］ボタンを押して、アシスタントエディターに切り換え、ツールバー右上の［Utility（ユーティリティ）］ボタンをクリックして、少し広げましょう。

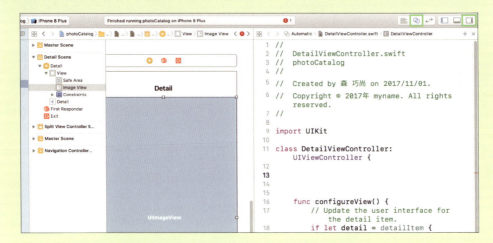

16 イメージビューをプログラムに接続する

イメージビューをアウトレット接続して、名前をつけます。
イメージビューから線を伸ばして、右に表示された［DetailViewController.swift］の「class DetailViewController」の次の行にドロップし、名前を［photoImageView］とつけます。

実習 画像を表示する

最後に、画像を表示するように［DetailViewController.swift］のプログラムを修正します。

17 ソースエディターに切り換える

ツールバー右上の［スタンダードエディター］ボタンを押して、ナビゲータエリアで［DetailViewController.swift］ファイルを選択して、ソースエディターに切り換えます。

18 文字を表示するプログラムを、画像を表示するプログラムに修正する

［configureView()］メソッドで、ラベルに文字を表示させているので、ここをイメージビューに画像を表示させるように修正します。

［detailItem］のデータがnilでなくて、［photoImageView］というイメージビューが存在したら、detailItemでファイル名を作って、イメージビューに画像を表示させるようにします。

また、詳細画面のタイトルを［花火写真］に変更しましょう。［viewDidLoad()］メソッドの中でタイトルを設定します。

```swift
import UIKit

class DetailViewController: UIViewController {
    @IBOutlet weak var photoImageView: UIImageView!




    func configureView() {
        // Update the user interface for the detail item.
        if let detail = detailItem {
            if let imageView = self.photoImageView {
                imageView.image = UIImage(named: detail)
            }
        }
    }

    override func viewDidLoad() {
        super.viewDidLoad()
        // Do any additional setup after loading the view,
        configureView()
        self.title = "花火写真"
    }

    override func didReceiveMemoryWarning() {
        super.didReceiveMemoryWarning()
        // Dispose of any resources that can be recreated.
    }
```

19 Runで確認する

いよいよ完成です。[Run] ボタンをクリックして確認しましょう。

アプリを起動すると花火一覧と表示されて、ファイル名が表示されます。
各行を選択すると、詳細画面に切り替わりその写真が表示されます。
これで、写真一覧アプリの完成です。

Chapter 8

アプリを仕上げる：
アイコン、テスト

この章でやること
- アプリとして仕上げるのに必要なことを理解しましょう。
- アイコン、起動画面の設定を行います。
- 外国語に対応させる方法を紹介します。

Chapter 8-1

アイコン

ここでやること
● アプリにアイコンを設定する。

アイコンとは

テンプレートから作ったばかりのアプリは、アイコンが設定されていないのでデフォルトのままのアイコン(図面のようなアイコン)が表示されています。
ぜひアプリ専用のアイコンを作りましょう。

アイコンを用意します

実習 アイコンを設定する方法

アプリの中で使うアイコンは、ホーム画面に並んだアイコンだけではありません。設定画面の中で表示されたり、Spotlightで検索するときにも表示されます。どんなアイコンが必要かは、Xcodeが教えてくれるので、その指示を聞きながら設定しましょう。

1 アイコンのサイズを確認する

ナビゲータエリアで、「Assets.xcassets」の中の「AppIcon」を選択します。
すると、アプリに必要なアイコンの種類を確認することができます。

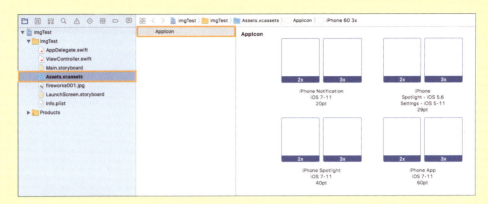

iPhoneは右の8種類のアイコンが必要だということがわかります。「2x」というのは2倍のサイズが必要ということで、「3x」というのは3倍のサイズが必要ということです。

iPhone App iOS 7-11 60pt 2x	120x120 ピクセルの png 画像
iPhone App iOS 7-11 60pt 3x	180x180 ピクセルの png 画像
iPhone Spotlight iOS 7-11 40pt 2x	80x80 ピクセルの png 画像
iPhone Spotlight iOS 7-11 40pt 3x	120x120 ピクセルの png 画像
iPhone Settings iOS 5-11 29pt 2x	58x58 ピクセルの png 画像
iPhone Settings iOS 5-11 29pt 3x	87x87 ピクセルの png 画像
iPhone Notification iOS 7-11 20pt 2x	40x40 ピクセルの png 画像
iPhone Notification iOS 7-11 20pt 3x	60x60 ピクセルの png 画像

2 アイコンを用意する

アイコンに必要なサイズのpng画像を用意します。

257

iPhoneアプリのアイコンは角丸になっていますが、これは自動的に角丸に表示しています。ですから用意する画像は、正方形の画像で大丈夫です。

※アプリをApp Storeに申請するときは、最終的にiTunesArtwork@2xという1024×1024のサイズのアイコンが必要になります。ですから、最初に1024x1024のアイコンを作っておいて、それを各サイズに縮小して作るのがオススメです。開発アプリの中には、1024x1024の画像を入れると色々なサイズに変換してくれる便利なアプリもあります。

3 アイコン画像を設定する

「Assets.xcassets」の「AppIcon」にそれぞれのアイコンをドラッグしましょう。
アイコンを設定することができます。

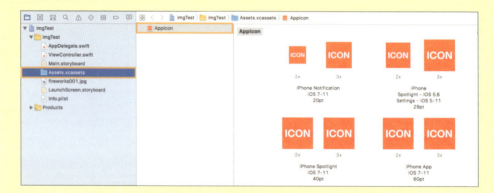

4 実行する

［Run］ボタンをクリックすると、シミュレータが起動します。起動したら「STOP」ボタンを押して止めると、アイコンを確認することができます。

Chapter 8-2

起動画面

ここでやること
● アプリの起動画面を作る。

起動画面とは

アプリは初回起動時に少し時間がかかります。このときプログラムが起動するまでの間に少しだけ表示する画面があります。これを Launch Screen（起動画面）といいます。

実習 [LaunchScreen.storyboard] ファイルで作る

起動画面は、[LaunchScreen.storyboard] ファイルで作ります。
[Main.storyboard] ファイルでアプリの画面をデザインするのと同じように、[LaunchScreen.storyboard] ファイルを選択するとインターフェイスビルダーで表示されるので、画面をデザインします。

1 起動画面を作る

ライブラリからラベルやイメージビューなどをドラッグ＆ドロップして配置します。

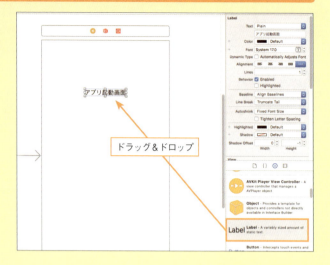

2 AutoLayoutを設定する

AutoLayoutを設定して、デバイスが変わっても表示できるようにします。
例えば、ラベルを「画面上端に、幅に合わせて伸び縮みして表示させる」ように設定してみましょう。
[Add New Constraints]ボタンを選択して、[Add New Constraints]ダイアログを表示します。「上からの距離」「右からの距離」「左からの距離」を実線にして、[Add 3 Contraints]ボタンをクリックします。

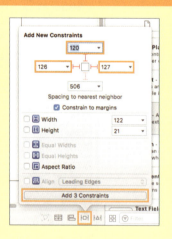

これで、起動画面のできあがりです。アプリを起動するとき、この画面が最初に表示されるようになります。

Chapter 8-3

外国語対応（ローカライズ）

ここでやること
● アプリを外国語に対応させる。

外国語に対応

日本語で作ったアプリを別の言語に対応させることができます。
言語別に複数のアプリを作るのではなく、1つのアプリの中で「iPhoneの言語設定に応じて自動的に切り替わるようにする」ことができるのです。これをローカライズといいます。
アプリはデフォルトでは英語版として作られているので、これを日本語版に対応させるという方法で設定していきます。

アプリの中で表示される文字列には、主に以下の3種類の文字があります。

- **アプリ名**
- **インターフェイスビルダーで設定する文字列**
- **プログラム内で使う文字列**

それぞれのローカライズ方法が違うので、順番に見ていきましょう。
ローカライズは、動くものが完成してから行うのがよいでしょう。
例として、Chapter 1-4で作った「Helloアプリ」をローカライズしてみましょう。

実習 何語に対応するかを決める

まず、プロジェクトファイルに「このプロジェクトでは何語を使うのか」という設定を行います。

1 プロジェクトにローカライズの設定をする

［プロジェクト名］＞［PROJECT］＞［Info］タブを選択しましょう。

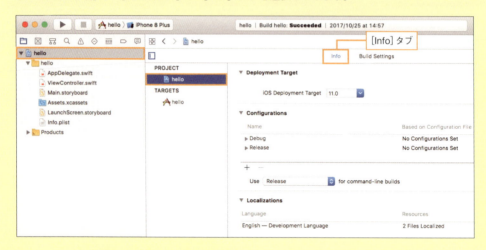

［Localizations］の［＋］ボタンを押してメニューから［Japanese (ja)］を選択します。

262　Chapter 8　アプリを仕上げる：アイコン、テスト

［Finish］ボタンを押すと［Japanese］が追加されます。これで、デフォルトの英語版と追加した日本語版の2種類の言語を扱うことができるようになります。

実習 アプリ名をローカライズする方法

アプリ名は［InfoPlist.strings］ファイルの「CFBundleDisplayName」で指定することができます。ローカライズは、各国語用の［InfoPlist.strings］ファイルを用意して、それぞれの「CFBundleDisplayName」の文字列を変更することで行います。

1 ［InfoPlist.strings］を追加する

プロジェクトナビゲータの上で右クリック（control + クリック）して［New File...］を選択します。

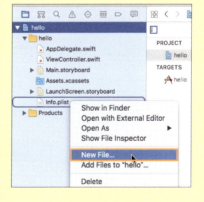

263

[iOS] > [Resource] > [Strings File] を選択して [Next] ボタンをクリックし、[InfoPlist.strings] という名前をつけて保存します。

[InfoPlist.strings] ファイルを選択し、ファイル・インスペクタの [Localization] の [Localize...] ボタンをクリックし、[Japanese] を選択して [Localize] ボタンをクリックします。これで、このファイルが日本語用のファイルになりました。

2 [InfoPlist.strings]に設定する

[InfoPlist.strings] ファイルを選択して、アプリ名を設定します。最後に [;（セミコロン）] が必要なので注意しましょう。

書式

```
CFBundleDisplayName = ＜アプリ名＞;
```

```
1  /*
2      InfoPlist.strings
3      hello
4
5      Created by 森 巧尚 on 2017/11/01.
6      Copyright © 2017年 myname. All rights reserved.
7  */
8  CFBundleDisplayName = "アプリ名";
9
```

264　Chapter 8　アプリを仕上げる：アイコン、テスト

3 確認する

アプリ名は、「アプリが実行していないとき」に表示するものなので、一度［Run］ボタンをクリックしてシミュレータにダウンロード実行したあと、［Stop］ボタンを押して停止させます。シミュレータの上に設定したアプリ名が表示されます。

iPhoneの言語設定は、［設定（Settings）］アプリを使って切り換えます。

［一般（General）］＞［言語と地域（Language & Region）］＞［iPhoneの使用言語（iPhone Language）］を選択して、言語を選択します。

English（英語）を選択すると英語版のアプリ名が表示されます。

実習 インターフェイスビルダーで設定する文字列をローカライズする方法

インターフェイスビルダーで設定した文字は、各国語版の[Main.storyboard]ファイルを用意して、それぞれで別々の設定を行うことでローカライズします。

1 ラベルを変更する

[Main.storyboard]を見ると[Main.strings(Japanese)]というファイルができています。日本語版の文字はここに設定します。「Helloアプリ」では、ラベルを配置していました。

[Main.strings(Japanese)]ファイルを見ると、このラベルに設定した文字が表示されています。これを日本語に変更しましょう。

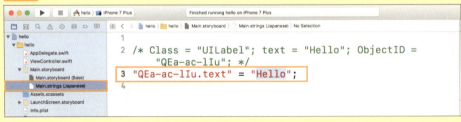

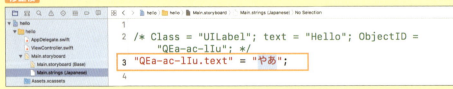

2 確認する

［Run］ボタンをクリックして確認しましょう。

［設定（Settings）］アプリを使って言語設定を切り換えます。

日本語を選択すると、日本語でアプリが表示されます。

COLUMN

アプリの動作確認で言語設定を変える方法

アプリの動作確認で言語設定を変える方法には、[Scheme（スキーム）メニュー] を変更する方法もあります。

[Scheme（スキーム）メニュー] の左側をクリックして [Edit Scheme...] を選択します。

ダイアログが出ますので [Run] > [Options] の [Application Language] を [English] や [Japanese] に切り換えて [Close] ボタンをクリックします。

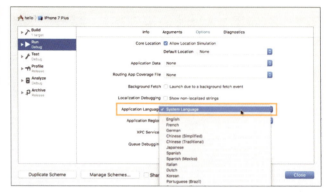

この状態で [Run] ボタンをクリックすると、シミュレータの [設定（Settings）] アプリで設定した言語にかかわらず、スキームメニューで選択した言語での確認ができます。

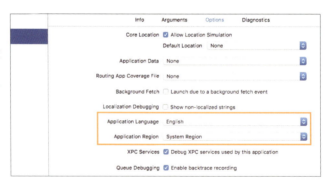

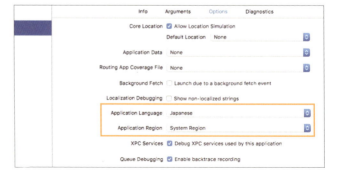

実習 プログラム内で使う文字列をローカライズする方法

プログラム内で使う文字列は、各言語版の［Localizable.strings］ファイルを作り、その中に使う文字列を名前をつけて用意することでローカライズできるようになります。
プログラム側では、この名前で指定することでローカライズします。

1 プログラムを追加する

Chapter 1の「Helloアプリ」にはプログラムがないので、ローカライズのテストのために「文字列を変更するプログラム」を追加しましょう。

アシスタントエディターに切り換えて、ラベルから線を伸ばし、右に表示された［ViewController.swift］にドロップします。

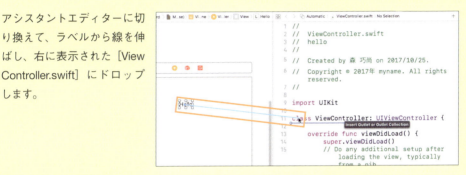

接続のパネルが現れるので、［Name］に「myLabel」と入力して［Connect］ボタンをクリックします。

ソースエディターに切り換えて、プログラムを入力しましょう。
「アプリが表示されるとき」に、ラベルの文字列を変更します。

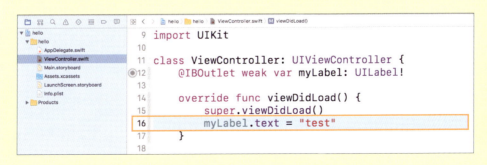

2 各言語版の[Localizable.strings]ファイルを作る

プログラム内で使う文字列は、各言語版の[Localizable.strings]ファイルを作ります。プロジェクトナビゲータの上で右クリック（control + クリック）して[New File...]を選択します。

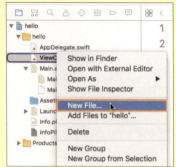

[iOS] > [Resource] > [Strings File]を選択して[Next]ボタンをクリックし、[Localizable.strings]という名前をつけて保存します。

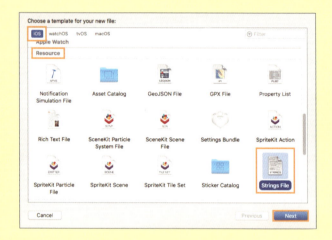

[Localizable.strings]ファイルを選択し、ファイル・インスペクタの[Localization]の[Localize...]ボタンをクリックし、[Japanese]を選択して[Localize]ボタンをクリックします。これで、このファイルが日本語用のファイルになりました。

270　Chapter 8　アプリを仕上げる：アイコン、テスト

ファイル・インスペクタの
[Localization] で、[Base] に
もチェックを入れます。
すると、[Localizable.strings]
ファイルに、Japanese と Base
の2種類のファイルが作られま
す。

3 プログラムを修正する

文字をローカライズに対応させるには [NSLocalizedString()] メソッドを使います。
各言語版の [Localizable.strings] ファイルに、[キー名] とセットにして文字列を用意しておき、
プログラムからは NSLocalizedString() で呼び出して使います。

書式

```
NSLocalizedString( "＜キー名＞", comment: "" )
```

[ViewController.swift] ファイルを選択します。[myLabel.text] に設定する文字列を
NSLocalizedString を使うように変更します。

```
 9  import UIKit
10
11  class ViewController: UIViewController {
12      @IBOutlet weak var myLabel: UILabel!
13
14      override func viewDidLoad() {
15          super.viewDidLoad()
16          myLabel.text = NSLocalizedString("test", comment: "")
17      }
```

4 [Localizable.strings] に文字列を用意する

各言語版の [Localizable.strings] ファイルに、[キー名] とセットにした文字列を用意します。
最後に [;(セミコロン)] が必要なので注意しましょう。

書式

```
"＜キー名＞" = "＜各言語版の文字列＞";
```

271

日本語で使う文字列は、［Localizable.strings（Japanese）］ファイルに設定します。

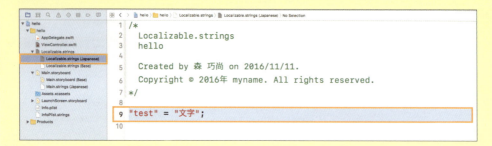

英語で使う文字列は、［Localizable.strings（Base）］ファイルに設定します。

5 確認する

［Run］ボタンをクリックして確認しましょう。

［設定（Settings）］アプリを使って言語設定を切り換えます。

英語を選択すると、英語でアプリが表示されます。

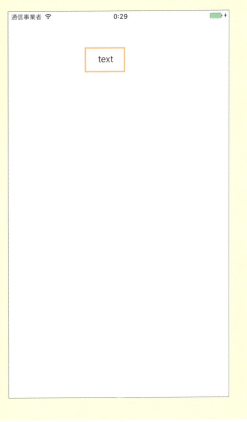

Chapter 8-4

実機でテスト

ここでやること
- iPhoneを接続して、実機でテストする。

実習 実機でテストする方法

できたアプリを実機へインストールして試してみましょう。
Apple IDがあれば、実機テストができます。

iPhoneに
インストールして
テストします

1 接続する

実機テストに使うiPhoneとMacをLightning-USBケーブルで接続します。

2 スキームで実機の名前を選択する

［Scheme（スキーム）メニュー］をクリックするとプルダウンメニューが表示されます。
一番上が［iOS Device］から［接続したiPhoneの名前］になっていますので、これを選択しましょう。

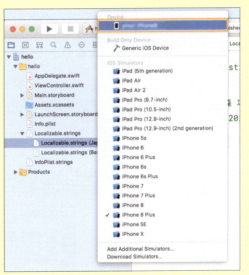

3 テストする

［Run］ボタンをクリックします。ビルドが終わったら、自動的にiPhoneにダウンロードされて、しばらくすると、iPhoneの中でアプリが起動します。

COLUMN

ワイヤレスデバッグ

Xcode 9 & iOS 11からは、実機でテストをするときワイヤレスでもできるようになりました。

❶ MacとiPhoneのWi-FiをONにして同じLAN内につなぎます。

❷ 初回だけ、MacとiPhoneをUSBケーブルで接続します。

❸ メニューで［Window］＞［Devices and Simulators］を選択します。

❹ ［Connect via network］にチェックを入れます。

❺ ［Scheme（スキーム）］メニューのiPhone名の横に［地球アイコン］が表示されれば設定完了です。USBケーブルをはずします。［Run］ボタンを押すと、ワイヤレスでiPhoneにアプリがダウンロードされて起動します。

Chapter 9

人工知能アプリに
挑戦！：Core ML

この章でやること

● 機械学習とCore MLについて知りましょう。

● Core MLを使った人工知能アプリの作り方を紹介します。

Chapter 9-1

機械学習を利用したいときは？：Core ML

iOS 11では、新機能の［Core ML］が追加されました。これを使うと、iPhoneだけで動く人工知能アプリを作れます。外部のサーバーも通信も不要で、「学習済みモデル」さえあれば初心者でも手軽に作ることができる、という新機能です。人工知能を使ったアプリが、これまでとは違った発想で作られていく予感がします。

ARKitとCore ML

iOS 11では、ARKitとCore MLという2つの新機能が追加されました。

［ARKit］は、ARアプリを作れるフレームワークです。カメラを通して見える実際の映像に3DCGを合成して拡張現実を作れます。映像の解析だけでなく、iPhoneに内蔵されたセンサーを使って現実空間を認識する力が優れているのが特長です。

※ARアプリは、新規プロジェクトで「Augmented Reality App」を選択すれば作ることができます（P.016の「テンプレートを選ぶ」を参照してください）。

［Core ML］は、機械学習を使った人工知能アプリを作れるフレームワークです。Core MLでの処理はiPhoneアプリの中だけで実行できるので、外部に人工知能用のサーバーを用意したり通信を行う必要がありません。オフラインでも使えますし、個人情報がサーバーに送信される心配のない使いやすい人工知能アプリを作ることができます。

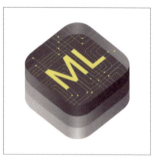

この章では、この［Core ML］を使って人工知能アプリを作ります。

機械学習とは？

「人工知能」を作るにはいろいろな方法がありますが、その中でも最近流行っている方法が「機械学習」です。機械学習はその名の通り「機械が自分で学習していく」方法です。

「機械が自分で学習していく」とは、どういうことなのでしょうか。

機械学習にもいくつかの機能があるのですが、わかりやすい機能として「クラス分類（classification）」があります。これは「データを渡すと、その種類は何かを判別できる機能」です。

例えば、「動物の写真」を渡すと「それが何の動物か」を答える人工知能を作ることができます。学習には、動物の写真を大量に用意して「これは犬」「これは猫」「これは象」と、「写真と名前をペア」にしてコンピュータに見せていきます。すると、コンピュータは動物の特徴を自分で学習していくのです。大量のデータから特徴を抽出して自動的に学習していきます。人間がコンピュータにいちいち「犬はこういう特徴があって、猫はこういう特徴があって」とルールを教える必要はありません。

コンピュータが動物の特徴を学習できれば、準備は完了です。あとは、コンピュータに新しい写真を見せれば、「それが何の動物なのか」を予測して答えることができるようになるのです。

Core MLとは？

Core MLは、この機械学習（Machine Learning）を扱うフレームワークです。iPhoneアプリで機械学習の処理を行えるようになるのですが、使うには2つのポイントがあります。

1つ目は、「Core MLが行うのは、予測処理だけ」という点です。
機械学習は［学習］と［予測］に分けられます。先ほどの例でいうと、「大量の写真と名前のペアを見せて、動物の特徴を学習させている段階」が［学習］です。この学習によって、「動物を判別できる学習モデル」が作られます。
この「できた学習モデルに新しいデータを与えて、それが何かを判別させる段階」が［予測］です。Core MLは［学習］の段階は行わず、［予測］のみを行うフレームワークなのです。
実はこれは、iPhoneの人工知能アプリを作る上で都合がいいのです。
［学習］には多くの工数がかかります。大量のデータを用意したり、時間がかかったりします。しかし、できた「学習モデル」で行う［予測］はすぐに実行できます。つまり、たいへんな［学習］は外部サーバーなどで行っておいて、できあがった手軽な「学習モデル」だけをiPhoneアプリに入れて持ち運ぼうという発想なのです。
アプリで「人工知能に学習させること」はできませんが、「できあがった人工知能を手軽に利用する」ことはできるので、アプリ開発には都合がいい方法なのです。

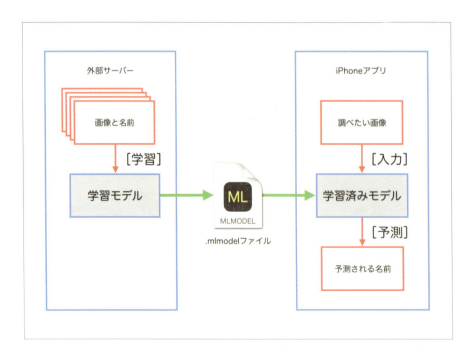

そして2つ目は、「学習モデルは、ファイルに変換して受け渡せる」という点です。
Core MLでは、「読み込める学習モデルのフォーマット」が決まっています。これは、フォーマットさえ同じにすれば、いろいろなサーバーで作った「学習モデル」を読み込んで使えるということです。
外部の機械学習ツールには、scikit-learn、Keras、Caffeなど、いろいろな種類があるのですが、どのツールで作った「学習モデル」でも「.mlmodelファイル（Core ML modelフォーマット）」に変換することで利用できるのです。

※scikit-learnやKeras、CaffeなどはPython言語でできていますので、「.mlmodelファイル」への変換ツール（coremltools）も、Pythonで用意されています。

これはさらに、初心者にも使いやすい環境になっています。初心者が「人工知能をゼロからすべて作る」のは難しいかも知れませんが、「すでにできている人工知能を利用して作る」のであれば作れます。機械学習の理論がよくわからないとしても、AIエンジニアが作ってくれた「.mlmodelファイル」をネットからダウンロードすれば同じように使えるのです。

さらにAppleは、人工知能アプリを作りやすくするライブラリを用意してくれています。人工知能の処理では、画像処理はかかせませんが、Core MLと組み合わせて高度な画像処理を行える「Visionフレームワーク」です。アプリを作るときはこれも利用しましょう。
つまり、初心者でも「.mlmodelファイル」さえあれば、機械学習のサーバーも不要で、手軽に画像処理を使った［予測］を行える人工知能アプリを作れるようになったのです。ぜひ挑戦してみませんか。

Chapter 9-2

人工知能アプリを作ろう
[写真を表示するアプリ]

ここでやること
- 画面に部品を配置する。
- 部品をプログラムと接続する。
- カメラロールで選択した写真を表示するプログラムを記述する。

実習 写真を表示するアプリを作ろう!

それでは、[写真を選ぶと、それが何かを当てる人工知能アプリ]を作ります。ですが、まずその前段階として[写真を選ぶと、その写真を表示するアプリ]を作り、次にそれを修正していこうと思います。

[難易度]★★★★☆

どんなアプリ?

最初に作るのは[写真を選ぶと、その写真を表示するアプリ]です。[写真を選択する]ボタンをタップすると、まずカメラロールが表示されます。そこで写真を選択すると、カメラロールが閉じられて、アプリの画面上に選択した写真が表示される、というアプリです。

その後[写真を選ぶと、それが何かを当てる人工知能アプリ]に修正していきます。

写真を表示するアプリ

何かを当てる人工知能アプリ

282 Chapter 9 人工知能アプリに挑戦!:Core ML

アプリのしくみ

①アプリの画面には、イメージビューとテキストフィールドとボタンがあります。（テキストフィールドは、あとの修正で使うので今回は配置するだけです。）

②ボタンをタップすると、カメラロールが表示されます。写真を選択すると、カメラロールが閉じられて、イメージビューに選択した写真が表示されます。

実習 アプリの画面を作る

まずは「画面」から作っていきます。画面に「イメージビュー」と「テキストビュー」と「ボタン」を配置して、AutoLayoutの設定を行います。

1 新規プロジェクトを作る

[Create a new Xcode project] ボタンをクリックして新規プロジェクトを作ります。

2 テンプレートを選ぶ

[Single View App] を選択して、[Next] ボタンをクリックします。

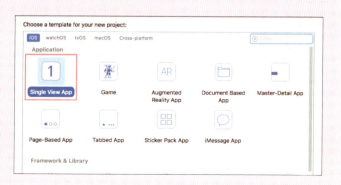

3 プロジェクトの初期設定をする

プロジェクト名は、「AItestApp」にしましょう。基本情報を以下のように入力して、[Next］ボタンをクリックし、プロジェクトの保存先を選択して［Create］ボタンをクリックします。

- Product Name：AItestApp
- Team：None
- Organization Name：myname
- Organization Identifier：com.myname
- Language：Swift
- Use Core Data：オフ
- Include Unit Tests：オフ
- Incldue UI Tests：オフ

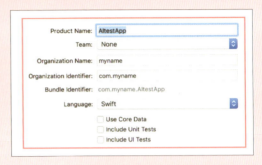

4 インターフェイスビルダーに切り換える

ナビゲータエリアで［Main.storyboard］ファイルを選択すると、インターフェイスビルダーが表示されます。

5 イメージビューと、テキストビューと、ボタンを配置する

ライブラリペインから、[ImageView]と［TextView］と［Button］をドラッグ＆ドロップして配置します。

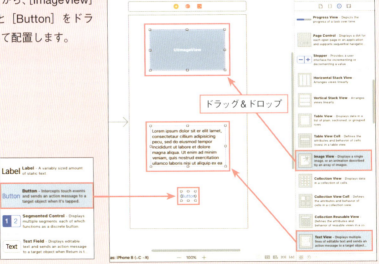

6 ボタンの文字を変更する

ボタンをダブルクリックして、「写真を選択する」に変更します。

7 イメージビューの設定をする

画像はイメージビューに縦横の比率をそのままに全体表示したいので、［アトリビュート・インスペクタ］にある［Content Mode］で、［Aspect Fit］を選択します。

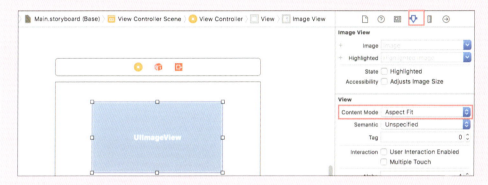

8 それぞれの大きさを調整する

イメージビューは左右にいっぱいに広げ、その下にテキストビューも左右いっぱいに広げて調整します。さらにその下の中央にはボタンを配置します。

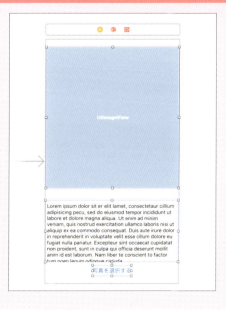

9 AutoLayoutを設定をする

AutoLayoutを設定します。単純なレイアウトなので、Xcodeに自動設定を行ってもらいましょう。
「Reset to Suggested Constraints」を選択すると、Xcodeが自動的に適切な設定を追加してくれます。

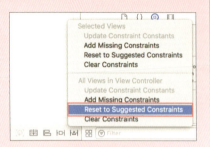
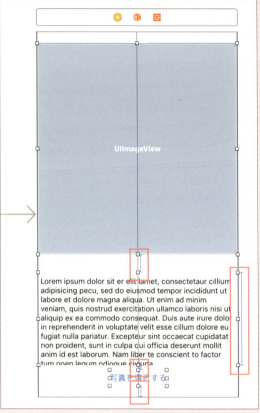

10 アシスタントエディターに切り換える

ツールバー右上の［アシスタントエディター］ボタンと、ツールバー右上の［Utility（ユーティリティ）］ボタンをクリックして、アシスタントエディターに切り換えて広く表示しましょう。

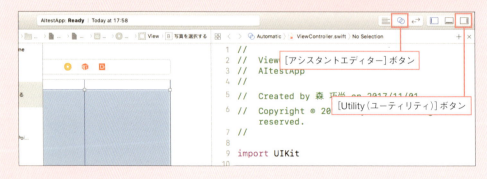

286　Chapter 9　人工知能アプリに挑戦！：Core ML

11 イメージビューをプログラムに接続する

イメージビューを右クリック（control + クリック）してドラッグして線を伸ばし、右に表示された［ViewController.swift］の「class ViewController」の次の行にドロップします。

接続のパネルが現れるので、ラベルの名前を設定しましょう。［Name］にラベルの名前を入力します。「myImageView」と入力して［Connect］ボタンをクリックします。

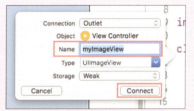

12 テキストビューをプログラムに接続する

テキストビューを右クリック（control + クリック）してドラッグして線を伸ばし、右に表示された［ViewController.swift］の「@IBOutlet weak var myImageView: UIImageView!」の次の行にドロップします。

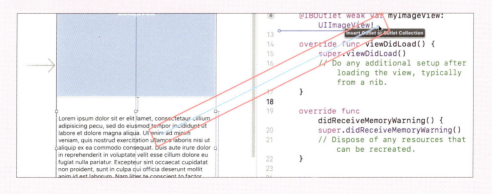

287

接続のパネルが現れるので、ラベルの名前を設定しましょう。[Name] にラベルの名前を入力します。「myTextView」と入力して [Connect] ボタンをクリックします。

13 ボタンをプログラムに接続する

ボタンを右クリック（control + クリック）してドラッグして線を伸ばし、右に表示された [ViewController.swift] の「viewDidLoad()」のメソッドの次にドロップします。

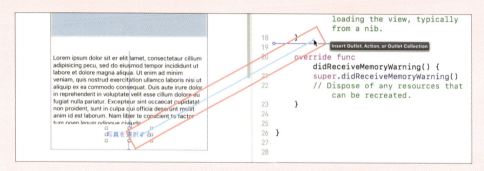

接続のパネルが現れるので、「ボタンを押したときにする仕事」を設定しましょう。
まず [Connection] を [Action] に変更してから、[Name] にボタンのメソッド名を入力します。「tapButton」と入力し、[Connect] ボタンをクリックします。

14 ソースエディターに切り換える

ツールバー右上の [スタンダードエディター] ボタンを押して、スタンダードエディターに切り換え、ナビゲータエリアで [ViewController.swift] ファイルを選択して、ソースエディターに切り換えます。

15 プログラムを入力する

プログラムを入力しましょう。（わかりやすいようにコメント文（//）を入れていますが、コメント文は入力しなくても動きます。）

まずカメラロールを使うので、classの行に「UINavigationControllerDelegate, UIImagePickerControllerDelegate」を追加します。

```
 8
 9  import UIKit
10
11  class ViewController: UIViewController, UINavigationControllerDelegate,
        UIImagePickerControllerDelegate {
        @IBOutlet weak var myImageView: UIImageView!
        @IBOutlet weak var myTextView: UITextView!
14
15      override func viewDidLoad() {
16          super.viewDidLoad()
17          // Do any additional setup after loading the view, typically from a
18      }
        @IBAction func tapButton(_ sender: Any) {
20      }
```

カメラロールを表示するimagePickerを作り、viewDidLoad()の中で初期化しておきます。テキストビューの文字も初期化しておきます。

```
 8
 9  import UIKit
10
11  class ViewController: UIViewController, UINavigationControllerDelegate,
        UIImagePickerControllerDelegate {
        @IBOutlet weak var myImageView: UIImageView!
        @IBOutlet weak var myTextView: UITextView!
14
15      // カメラロールを表示するimagePicker
16      var imagePicker: UIImagePickerController!
17
18      override func viewDidLoad() {
19          super.viewDidLoad()
20          // imagePickerと、テキストビューを初期化
21          imagePicker = UIImagePickerController()
22          imagePicker.delegate = self
23          myTextView.text = ""
24      }
25
        @IBAction func tapButton(_ sender: Any) {
27      }
28
```

ボタンをタップしたらカメラロールを表示して、カメラロールが処理が終わったときに呼び出されるメソッドを用意します。カメラロールを閉じて、選択した写真があれば、イメージビューに表示します。

289

```
       @IBAction func tapButton(_ sender: Any) {
27         // カメラロールを表示する
28         imagePicker.sourceType = .photoLibrary
29         present(imagePicker, animated: true, completion: nil)
30     }
31
32     // カメラロールで処理が終わったときに呼び出される
33     func imagePickerController(_ picker: UIImagePickerController,
           didFinishPickingMediaWithInfo info: [String : Any]) {
34         // カメラロールを閉じて
35         imagePicker.dismiss(animated: true, completion: nil)
36         // 選択した画像が存在すれば
37         guard let image = info[UIImagePickerControllerOriginalImage] as? UIImage else {
38             return
39         }
40         // イメージビューの表示する
41         myImageView.image = image
42     }
43
```

16 Runで確認する

[Run] ボタンをクリックして、実行してみましょう。

[写真を選択する] ボタンをタップすると、カメラロールが表示されます。写真を選択するとカメラロールが消え、選択した写真が画面上に表示されます。

これで [写真を選ぶと、その写真を表示するアプリ] ができました。次はこれを [写真を選ぶと、それが何かを当てる人工知能アプリ] に修正していきましょう。

Chapter 9-3

人工知能アプリを作ろう
[人工知能を追加する]

ここでやること
- 学習モデルをダウンロードして、プロジェクトに追加する。
- 写真を学習モデルに渡して、画像予測する。
- 画像予測処理を、バックグラウンドで処理させる。

実習 「学習モデル」を入手してプロジェクトに追加する

Core MLを使って人工知能アプリを作るには、「Core MLで使える学習モデル」が必要です。Appleが用意したサイトにアクセスしてみましょう。ここには、すぐに試してみたいという開発者のために「Core ML modelフォーマットの学習モデル」が用意されています。

● https://developer.apple.com/machine-learning/

いろいろな学習モデルがありますが、どれも「画像を予測する学習モデル」です。認識率やファイルサイズが違うものが並んでいます。

木、動物、食べ物、乗り物、人など1000種類のモノを検出するもの	
・MobileNet	17.1 MB
・SqueezeNet	5 MB
・ResNet50	102.6 MB
・Inception v3	94.7 MB
・VGG16	553.5 MB
空港ターミナル、寝室、森林、海岸など205種類の風景を検出するもの	
・Places205-GoogLeNet	24.8 MB

※Model Convertersの「Core ML Tools」を使えば、自分で用意した機械学習のモデルを、Core MLで使える「.mlmodelファイル」に変換することができます（ただし、Pythonの知識が必要です）。

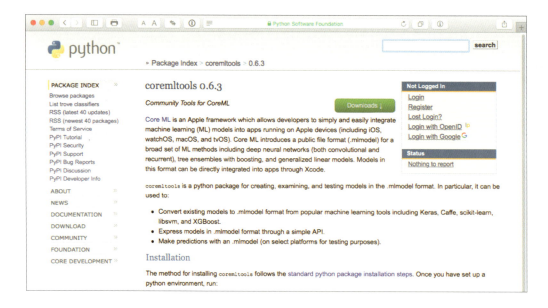

17 学習モデルをダウンロードする

今回はその一例として「ResNet50」を使ってみましょう。ResNet50の「Download Core ML Model」をクリックしましょう。「Resnet50.mlmodel」ファイルがダウンロードされます。

※他のモデルをダウンロードして同じように使うこともできます。ResNet50がうまく動いたら他も試してみましょう。

18 学習モデルをプロジェクトに追加する

ダウンロードした学習モデルを、プロジェクトに追加します。「Resnet50.mlmodel」ファイルを、プロジェクトにドラッグしましょう。

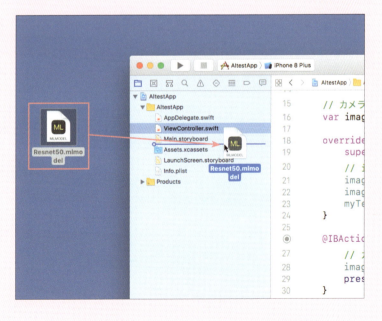

追加された「Resnet50.mlmodel」ファイルを選択すると、詳細を確認することができます。
Model Evaluation Parametersを見ると、「inputs（入力）」として「image（画像）」を渡せば、「outputs（出力）」として「classLabel（予測される結果）」と「classLabelProbs（確率）」が返ってくることがわかります。

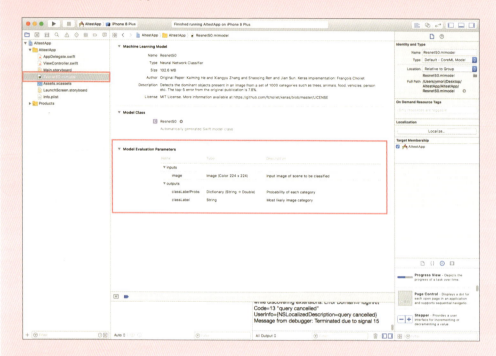

19 プログラムを入力する①

[ViewController.swift]ファイルを選択して、プログラムを追加します。
まず、機械学習モデルを使って画像予測を行うので、「import CoreML」「import Vision」を追加し、イメージを表示した後に画像予測処理の呼び出しを行います。

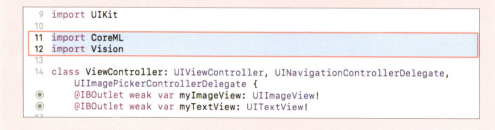

294　Chapter 9　人工知能アプリに挑戦！：Core ML

20 プログラムを入力する ②

画像予測処理の関数を作ります。

VNCoreMLModel メソッドで Resnet50 の学習モデルを作り、さらに VNCoreMLRequest メソッドで「予測結果が返ってきたときの処理」を作っておきます。画像の予測結果は複数考えられるので配列で返ってきます。そこで、確率が 1% 以上のものをテキストビューに追加して表示します。

最後に、画像データを学習モデルに渡せる形式に変換してから、推論処理を実行します。

```swift
35      // カメラロールで処理が終わったときに呼び出される
36      func imagePickerController(_ picker: UIImagePickerController,
            didFinishPickingMediaWithInfo info: [String : Any]) {
37          // カメラロールを閉じて
38          imagePicker.dismiss(animated: true, completion: nil)
39          // 選択した画像が存在すれば
40          guard let image = info[UIImagePickerControllerOriginalImage] as? UIImage else {
41              return
42          }
43          // イメージビューの表示する
44          myImageView.image = image
45
46          // 画像を予測する
47          predict(inputImage: image)
48      }
49
50      // 画像を予測する
51      func predict(inputImage: UIImage) {
52          self.myTextView.text = ""
53          // 機械学習のモデルを作る
54          guard let model = try? VNCoreMLModel(for: Resnet50().model) else {
55              return
56          }
57
58          // モデルのリクエストを作り、予測結果が帰ってきたとき表示する
59          let request = VNCoreMLRequest(model: model) {
60              request, error in
61              guard let results = request.results as? [VNClassificationObservation] else {
62                  return
63              }
64              for result in results {
65                  // 確率が1%以上のものをテキストビューに追加する
66                  let per = Int(result.confidence * 100)
67                  if per >= 1 {
68                      let name = result.identifier
69                      self.myTextView.text.append("これは、\(name)です。確率は\(per)% \n")
70                  }
71              }
72          }
73          // 画像を学習モデルに渡せる形式に変換する
74          guard let ciImage = CIImage(image: inputImage) else {
75              return
76          }
77          let imageHandler = VNImageRequestHandler(ciImage: ciImage)
78          do {
79              // 画像予測を実行する
80              try imageHandler.perform([request])
81          } catch {
82              print("エラー \(error)")
83          }
84      }
85
```

※他のモデルで試すときは、「Resnet50().model」を他のモデル名に変更しましょう。

chapter
9-3

295

21 画像を写真アプリに追加する

画像予測を行う前に、写真の準備をしましょう。カメラロールに入っている写真を選択するので、あらかじめ写真アプリに画像を追加しておきます。
Xcodeのメニューから[Xcode]＞[Open Developer Tool]＞[Simulator]を選択してiPhoneシミュレータを起動し、[写真アプリ]をタップして、カメラロールを表示します。

本物のiPhoneと違い、画像ファイルをシミュレータの写真アプリの上にドラッグ＆ドロップするだけで追加することができます。複数選択すれば複数の画像を一度に追加することもできます。

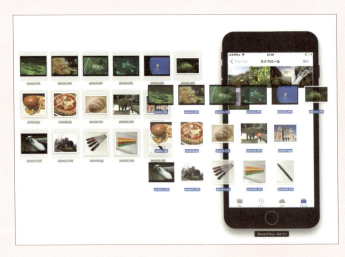

22 Runで確認する

それでは［Run］ボタンをクリックして確認しましょう。
［写真を選択する］ボタンをタップすると、カメラロールが表示されます。写真を選択するとしばらくしてからカメラロールが消え、選択した画像の予測が表示されます。

これはピザです。確率は99%

これはインド象です。確率93%、これはアフリカ象です。確率は3%

これは万年筆です。確率は78%、これはボールペンです。確率は20%

実習 画像予測処理を、バックグラウンドで処理させる

ここでひとつ、気になることがあります。カメラロールの写真を選択したとき、表示されるまでに時間がかかるようになったということです。［写真を表示するアプリ］のときはすぐに表示したのですが、予測処理を追加したら急に反応が遅くなりました。それだけ学習モデルを使った予測処理には時間がかかるということです。

そこで、マルチスレッド処理を行うGCD（Grand Central Dispatch）を使って、予測処理をバックグラウンドで処理するように修正していきます。これでアプリはすぐ反応するようになり、アプリが固まった印象をなくすことができます。予測処理の結果はバックグラウンドで処理が終わったタイミングで表示されるようになります。

23 プログラムを修正する

GCDを使うと、重たい処理をバックグラウンドで行わせることができます。バックグラウンドで処理する部分をDispatchQueue.globalに記述して、メインスレッドに戻ってきたときに処理する部分をDispatchQueue.mainに記述します。重い予測処理がバックグラウンドで実行されるようになり、メインスレッドではすぐに再描画が行われて、ユーザー操作に反応できるようになります。

```swift
49
50      // 画像を予測する
51      func predict(inputImage: UIImage) {
52          self.myTextView.text = ""
53          // 機械学習のモデルを作る
54          guard let model = try? VNCoreMLModel(for: Resnet50().model) else {
55              return
56          }
57
58          // モデルのリクエストを作り、予測結果が帰ってきたとき表示する
59          let request = VNCoreMLRequest(model: model) {
60              request, error in
61              guard let results = request.results as? [VNClassificationObserva
62                  return
63              }
64              // バックグラウンドで処理が終わったとき表示する
65              DispatchQueue.main.async {
66                  for result in results {
67                      // 確率が1%以上のものをテキストビューに追加する
68                      let per = Int(result.confidence * 100)
69                      if per >= 1 {
70                          let name = result.identifier
71                          self.myTextView.text.append("これは、\(name)です。確率は
72                      }
73                  }
74              }
75          }
76          // 画像を学習モデルに渡せる形式に変換する
77          guard let ciImage = CIImage(image: inputImage) else {
78              return
79          }
80          let imageHandler = VNImageRequestHandler(ciImage: ciImage)
81          /// 画像予測をバックグラウンドで処理する
82          DispatchQueue.global(qos: .userInteractive).async {
83              do {
84                  try imageHandler.perform([request])
85              } catch {
86                  print("エラー \(error)")
87              }
88          }
89      }
90
```

298　Chapter 9　人工知能アプリに挑戦！：Core ML

24 Runで確認する

最後に再び［Run］ボタンをクリックして確認しましょう。

［写真を選択する］ボタンをタップし、カメラロールで写真を選択すると、すぐにカメラロールが消えて、しばらくすると選択した画像の予測が表示されます。

これで、［写真を選ぶと、それが何かを当てるアプリ］のできあがりです。

これはクマノミです。確率は97％、
これはイソギンチャクです。確率1％

これは宮殿です。確率56％、
これは鐘つり塔です。確率は23％、
これは教会です。確率3％など‥

25 【さらにもう一歩】写真を撮って予測できるように修正

このアプリは、シミュレータで実行できるように［カメラロールで写真を選ぶアプリ］として作りました。しかし実際のiPhoneだったら、カメラで写真を撮って予測するほうが使いやすいでしょう。そこで［カメラで写真を撮ったら、すぐにそれが何かを当てる人工知能アプリ］に修正してみたいと思います。

修正するのは2ヶ所です。
1つ目は、「info.plist」ファイルに設定を追加することです。カメラを使うには、ユーザーに「このアプリがカメラを使いますが、よろしいですか」という許可を取る必要があるのでその設定を追加します（以前は、カメラロールの写真を表示するのにも許可が必要だったのですが、iOS11からは必要なくなりました）。
「info.plist」ファイルを選択して、右クリックで出るメニューから「Add Row」を選択し、「Privacy - Camera Usage Description」を選択します。右側には「このアプリではカメラを使います」と、ユーザーに表示する文章を入力します。

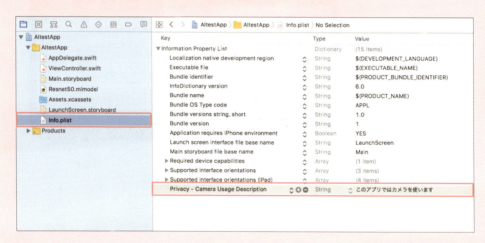

2つ目は、プログラムのカメラロールを表示させるときのタイプを「.photoLibrary」から「.camera」に変更することです。

```
28
     @IBAction func tapButton(_ sender: Any) {
30
         // カメラロールを表示する
31       imagePicker.sourceType = .camera
32       present(imagePicker, animated: true, completion: nil)
33   }
34
```

これで［カメラで写真を撮ったら、すぐにそれが何かを当てる人工知能アプリ］のできあがりです。
このアプリはカメラが必要なのでシミュレータでは動きません。試すには、iPhoneをつないで実機で動作確認しましょう（Chapter 8-4）。
［写真を選択する］ボタンをタップするとカメラが起動するので、写真を撮って［Use Photo］ボタンをタップすると、予測結果を表示します。

これは消しゴムです。確率は99％

最後に

いかがでしたか。iPhoneアプリはこのようにして作っていきます。

本書は、入門編ですので、本格的なiPhoneアプリを作っていくにはまだまだ学んでいくことがあります。専門的なアプリを作ろうとすれば、専門的な知識が必要になってきます。

ですが、アプリ開発の基本さえしっかり習得できれば、そこを土台にして発展させていくことができます。ぜひアプリ作りを好きになりましょう。

好きな気持ちがあれば、くじけそうなことがあっても、怒りそうなことがあっても、負けずに作っていくことができます。そして、アプリを作っている時間はみなさんの大切な人生の時間でもあります。楽しみながらアプリを作っていきましょう。

みなさんがすばらしいアプリを作られることを楽しみにしています。

COLUMN

変数名や定数名によく使われる単語一覧

変数名や定数名を作るときに、よく使われる単語があります。参考にしてみてください。

name	名前	limit	限界
count	個数	color	色
times	回数	position	位置
no	番号	row	行
id	識別番号	col	列
height	高さ	new	新しい
width	幅	temp	一時的な
size	大きさ	is	〜かどうか
bounds	境界	exists	存在するかどうか
max	最大	has	持っているかどうか
min	最小	can	できるかどうか

COLUMN

Int型の種類

整数は普通はInt型を使います。ですが、Int型にもいろいろな種類があって、扱う整数によって種類を使い分けることもできます。

Int8	-128〜127
Int16	-32,768〜32,767
Int32	-2,147,483,648〜2,147,483,647
Int64	-9,223,372,036,854,775,808〜9,223,372,036,854,775,807
UInt8	0〜255
Uint16	0〜65,535
Uint32	0〜4,294,967,295
Uint64	0〜18,446,744,073,709,551,615

COLUMN

関数名（メソッド名）によく使われる動詞一覧

関数名（メソッド名）は、見ただけでどのような動作を行うのかがすぐイメージしやすいメソッド名をつけます。

共通する動詞を使われることが多いようなので、一覧表を用意しました。参考にしてみてください。

データを扱うとき

get	取得する	↔	set	代入する
create	作成する	↔	destory	破棄する
enable	有効にする	↔	disable	無効にする
show	表示する	↔	hide	非表示にする
edit	編集する			
change	変更する			
select	選択する			
init	初期化する			
update	更新する			
apply	適用する			
convert	変換する			
to	変換する			
on	○○するとき			

複数データを扱うとき

add	追加する	↔	remove	取り除く
insert	挿入する	↔	delete	削除する
append	末尾に追加する			
clear	空にする			

一般的な処理をするとき

do	実行する			
run	実行する			
find	データを探す			
check	データを調べる			
parse	データを解析する			
start	開始する	↔	stop	停止する
begin	始める	↔	end	終わる
draw	描画する	↔	erase	消す
import	中に入れる	↔	export	外に出す

データを読み書きするとき

input	データを入力	↔	output	データを出力
load	状態を読み込む	↔	save	状態を書き出す
read	ファイルを読み込む	↔	write	ファイルへ書き出す

通信するとき

register	登録する	↔	unregister	登録解除する
request	ネットワークでデータを要求する			
complete	完了した			

chapter
9-3

キーワードIndex

記号

!	117
?	115
...	098
..<	089
_（アンダースコア）	090

A

accessoryType	218
Add New Alignment Constraints	058
Add New Constraints	049, 054
Align	049, 058
AppDelegate	186
append( )	097
Apple Developer Program	004
Apple ID	274
App Transport Security	036
ARKit	278
ARアプリ	016, 278
Array	092
AssetCatalog	159
Assets.xcassets	159, 257
AutoLayout	028, 044, 049, 058, 137, 260

B

backgroundColor: UIColor!	144, 217
Bool型	077
Button	063

C

Cell	208
cellForRowAt	211
CFBundleDisplayName	263
CGFloat型	203
class	123
Clear Constraints	052
Constraint	048

Constrain to margins	050
Content Mode	158
Core ML	278, 280, 291
Core ML modelフォーマットの学習モデル	291
count	095, 102
Create a new Xcode project	015

D

detailTextLabel	216
Devices and Simulators	276
Dictionary	100
Did End On Exit	128, 153
Document Outline	065
Double( )	079
Double型	076

E

editable: Bool	156
element	092, 100
Embed In Stack	062
enabled: Bool	147

F

Fix-it機能	036
Float()	079
Float型	076
font: UIFont!	145
for文	088
for in文	096, 103
func	109

G

GCD	297
Get started with a playground	071
Grand Central Dispatch	297
guard	119

H

heightForFooterInSection	213
heightForHeaderInSection	212

heightForRowAt ································· 211
Horizontal Stack View ····················· 062

I

IBAction ······················· 032, 130, 139, 174
IBOutlet ······················· 032, 130, 139, 174
if文 ··· 083
if else文 ·· 084
image: UIImage? ·························· 159
index ································· 092, 095
InfoPlist.strings ·························· 263
insert( ) ·· 097
Int( ) ··· 079
Int型 ································· 076, 302
iPhone ························ 004, 038, 275
isEnabled:Bool ························· 147
isOn ·· 125
isOn: Bool ································ 149

K

key ··· 100

L

Launch Screen ························· 259
LaunchScreen.storyboard ············· 259
let ·· 074
Localizable.strings ···················· 269

M

Main.storyboard ················· 025, 042
Master-Detail App ········· 016, 182, 236, 246
.mlmodel ファイル ····················· 281
Modal ··· 182

N

Navigation Controller ················· 182
nil ································· 102, 113
NSLocalizedString( ) ·················· 271
numberOfRowsInSection ············· 211
numberOfSections ····················· 212

O

Optional Binding ······················ 119
override ······································ 126

P

placeholder: String? ·················· 153
Playground ································· 070
prepare ································ 128, 205
present ······································· 165

R

removeAll( ) ······························ 098
removeAtIndex( ) ························ 098
removeValue( ) ·························· 104
Reset to Suggested Contraints ···· 029, 053
ResNet50 ··································· 293
resignFirstResponder( ) ·············· 156
Resolve Auto Layout Issues ········· 052
return文 ······································ 111
Row ··· 208
rowHeight ·································· 216
Run ボタン ···················· 012, 030, 038

S

Scheme メニュー ············· 039, 268, 275
Section ······································ 208
segue ··· 183
Simulator ······················ 012, 037, 038
Single View App ······· 016, 017, 044, 168, 190, 221, 283
sorted( ) ····································· 099
Stack View ································· 062
Stop ボタン ···························· 030, 039
Storyboard ································· 027
Storyboard Reference ················· 276
String型 ····································· 077
Swift ································· 007, 070
switch文 ····································· 085

305

T

Tab Bar Controller	182
Tabbed App	016, 183
tapButton	177
textAlignment: NSTextAlignment	145
textColor	217
textColor: UIColor!	144
textLabel	216
textLabel.font	217
text: String?	144, 153, 155
titleForFooterInSection	212
titleForHeaderInSection	212
Touch Up Inside	128, 147
Tuple	103, 105

U

UIAlertController	163
UIButton	146
UIImageView	157
UIKit	127, 130
UILabel	143
UISlider	150
UISwitch	127, 148
UITableView	208, 214
UITableViewCell	214, 215
UITableViewCellAccessoryType	218
UITableViewDataSource	210
UITableViewDelegate	210
UITextField	152
UITextView	154
unwind segue	198
Update Constraint Constants	053
Update Frames	049, 053, 054

V

Value Changed	128, 149, 151
value: Float	151
var	073
Vertical Stack View	062
ViewController	179
ViewController.swift	033
viewDidLoad	036, 128, 177

viewWillAppear	128, 203
Vision フレームワーク	281
VNCoreMLModel	295
VNCoreMLRequest	295

W

WebKit View	026
while 文	086

X

Xcode	003, 005, 009

あ行

アイコン	256
アイデンティティ・インスペクタ	024, 234
アクションシート	163
アシスタントエディター	022, 031, 033, 139, 174
アセットカタログ	159
アトリビュート・インスペクタ	024, 043
アラート	162, 166
アラートコントローラー	163
アンラップ	117
アンラップ型の変数	118
イベント処理	181
イベントメソッド	128
イメージビュー	157
インスペクタペイン	023
インターフェイスビルダー	024, 025, 042
エディターエリア	022
オーバーライド	126, 202
オブジェクト	124
オブジェクト指向	121
オプショナル型	079, 102, 115
オプショナル型でラップする	115
オプショナル型変数	115
オプショナルバインディング	119
親クラス	126

か行

ガード	119
学習	280

学習モデル ………………………… 280, 291	スキームメニュー …………… 039, 268, 275
カスタムクラス …………………………… 231	スタンダードエディター ………… 035, 141
画像 ………………………………………… 157	スライダー ………………………………… 150
型指定 ……………………………………… 093	整数型 ……………………………… 076, 079
型変換 ……………………………………… 078	制約 ………………………………………… 048
カメラロール …………………… 289, 296	セグエ ……………………………………… 183
画面の切り替え方 ………………………… 182	種類 ……………………………………… 184
Modal ………………………………… 182	セクション ………………………………… 208
Navigation Controller ……………… 182	数 ………………………………………… 212
Tab Bar Controller ………………… 182	フッター ………………………………… 212
空の辞書データ …………………………… 101	フッターの高さ ………………………… 213
空の配列 …………………………………… 094	ヘッダーの高さ ………………………… 212
関数 ………………………………… 108, 303	ヘッダー文字 …………………………… 212
関数名 ……………………………… 109, 303	接続 ………………………………… 279, 281
キー ………………………………………… 100	セル ………………………………… 208, 214
機械学習 …………………………… 278, 279	アクセサリ ……………………………… 218
起動画面 …………………………………… 259	高さ ……………………………… 211, 216
行（テーブル） …………………………… 208	背景色 …………………………………… 217
行数 ………………………………………… 211	表示する内容 …………………………… 211
クラス ……………………………… 122, 123	文字内容を設定 ………………………… 216
クラス分類 ………………………………… 279	文字の色 ………………………………… 217
継承 ………………………………………… 126	セルの種類 ………………………………… 215
コード補完機能 …………………………… 036	default ………………………………… 215
コネクション・インスペクタ …………… 024	subtitle ………………………………… 215
コメント文 ………………………………… 091	value1 ………………………………… 215
単一行コメント ………………………… 091	value2 ………………………………… 215
複数行コメント ………………………… 091	選択構造 …………………………………… 083
	添え字 ……………………………… 092, 095
	ソースエディター ………… 033, 035, 141
さ行	ソースコード ……………………………… 036
	ソフトキーボード ………… 152, 154, 156
サイズ・インスペクタ …………………… 024	
算術演算子 ………………………………… 072	
辞書データ ………………………………… 100	**た行**
要素の個数 ……………………………… 102	
要素の削除 ……………………………… 104	タグ ………………………………………… 229
要素を追加 ……………………………… 104	タプル ……………………………… 103, 105
実機テスト ………………………………… 274	単一行コメント …………………………… 091
順次構造 …………………………………… 082	ツールバー ………………………………… 022
条件式 ……………………………… 083, 086	通常テキストラベル ……………………… 217
条件判断 …………………………………… 077	定数 ………………………… 073, 075, 290, 302
詳細テキストラベル ……………………… 217	データ型 …………………………………… 075
小数型 ……………………………… 076, 079	Bool型 ………………………………… 077
新規プロジェクト ………………… 010, 015	Double型 ……………………………… 076
人工知能 …………………………………… 278	Float型 ………………………………… 076
スイッチ …………………………………… 148	Int型 …………………………… 076, 290, 302

String型	077
テーブルビュー	016, 181, 208, 214, 219
Grouped	208
Plain	208
テキストビュー	154
テキストフィールド	152
デバッグエリア	024
デリゲート	181, 208
テンプレート	016
Augumented Reality App	016
Game	016
Master-Detail App	016, 182, 236, 246
Message App	016
Page-Based App	016
Single View App	016, 017, 168, 190, 221, 283
Sticker Pack App	016
Tabbed App	016, 183
ドキュメントアウトライン	065

な行

ナビゲーションコントロール	236
ナビゲーションバー	182
ナビゲータエリア	021, 042

は行

配列	092
一番最後に要素を追加	097
降順でソート	099
昇順でソート	099
全ての要素を調べる	096
要素の個数	095
反復構造	086
比較演算子	084
引数	110
ファイル・インスペクタ	264
ブール型	077
フォント	145, 217
複数行コメント	091
プロジェクト	010, 015
プロジェクトの基本情報	017
ブロック	081
プロトコル	210
プロパティ	122

変数	073, 082, 302
ボタン	063, 146

ま行

マルチスレッド処理	297
無限ループ	086
メソッド	108, 122, 303
メソッド名	303
文字列型	077, 080
戻り値	111

や行

ユーティリティエリア	023, 033
要素	092, 100
値を調べる	095
全て削除	098
予測	280
予約語	109

ら行

ライブラリペイン	023, 024, 042
ラベル	011, 143
リスト表示	208
ローカライズ	261

わ行

ワイヤレスデバッグ	276

著者プロフィール

森 巧尚（もり よしなお）

フリープログラマー。主にWebコンテンツやiPhoneアプリなどを制作。プログラミング書籍の執筆、関西学院大学非常勤講師、PCN大阪プログラミング講師も行っている。パソコンの黎明期から30数年、いろいろなソフト開発に携わる。BASIC、マシン語、C、C++、Pascal、LISP、Python、Java、ActionScript、JavaScript、Perl、PHP、Objective-C、Swift、Scratchなどの言語で、ゲームソフト、音楽ソフト、教育ソフト、3Dソフト、Webアプリ、スマホアプリなどの開発を行っている。

著書
『やさしくはじめるiPhoneアプリ作りの教科書 【Swift 3 & Xcode 8.2対応】』（マイナビ出版）
『楽しく学ぶ　アルゴリズムとプログラミングの図鑑』（マイナビ出版）
『Python 1年生』（翔泳社）
『なるほど！ プログラミング』（SBクリエイティブ）
『小学生でもわかるiPhoneアプリのつくり方　Xcode8/Swift3対応』（秀和システム）
『SwiftではじめるiPhoneアプリ開発の教科書【iOS 8&Xcode 6対応】』（マイナビ出版）
『現場で通用する力を身につける iPhoneアプリ開発の教科書【iOS 7&Xcode 5対応】』（マイナビ出版）
『よくわかるiPhoneアプリ開発の教科書[iOS 6 & Xcode4.6対応版]』（マイナビ出版）
『よくわかるiPhoneアプリ開発の教科書[iOS 5 & Xcode4.2対応版]』（マイナビ出版）
『よくわかるiPhoneアプリ開発の教科書[Xcode4対応版]』（マイナビ出版）
『よくわかるiPhoneアプリ開発の教科書』（マイナビ出版）
『やさしくはじめるiPhoneアプリ開発の学校 【iOS 7.1対応版】』（マイナビ出版）
『やさしくはじめるiPhoneアプリ開発の学校』（マイナビ出版）
『基本からしっかりわかる ActionScript 3.0』（マイナビ出版）
『おしえて!! FLASH 8 ActionScript』（マイナビ出版）
『これからはじめる　Apple Watchアプリ開発入門』（電子書籍、マイナビ出版）
『iOSアプリ開発 AutoLayout徹底攻略』（電子書籍、マイナビ出版）
『Flash プロフェッショナル・スタイル[CS3対応]』（共著、マイナビ出版）
『ActionScript + CGI プログラミング』（SBクリエイティブ）
『プロとして恥ずかしくないFlashの大原則』（共著、エムディエヌコーポレーション）
など

まつむらまきお

まんが家、イラストレーター。Adobe Flash（現Adobe Animate）やペンタブレットについてのテクニカル記事、書籍執筆も手がける。
成安造形大学イラストレーション領域教授。

STAFF

執筆：森 巧尚
本文・カバーイラスト：まつむらまきお
ブックデザイン：三宮 暁子（Highcolor）
DTP：AP_Planning
編集：角竹 輝紀

作って学ぶ
iPhoneアプリの教科書
［Swift 4 & Xcode 9対応］

2017年 12月28日　初版第1刷発行

著者　　森 巧尚
発行者　滝口 直樹
発行所　株式会社マイナビ出版
　　　　〒101-0003　東京都千代田区一ツ橋2-6-3　一ツ橋ビル 2F
　　　　TEL：0480-38-6872（注文専用ダイヤル）
　　　　TEL：03-3556-2731（販売）
　　　　TEL：03-3556-2736（編集）
　　　　E-Mail：pc-books@mynavi.jp
　　　　URL：http://book.mynavi.jp
印刷・製本　株式会社ルナテック

©2017 Yoshinao Mori , Makio Matsumura , Printed in Japan
ISBN978-4-8399-6490-0

- 定価はカバーに記載してあります。
- 乱丁・落丁についてのお問い合わせは、TEL：0480-38-6872（注文専用ダイヤル）、電子メール：sas@mynavi.jp
　までお願いいたします。
- 本書掲載内容の無断転載を禁じます。
- 本書は著作権法上の保護を受けています。本書の無断複写・複製（コピー、スキャン、デジタル化等）は、著作権法
　上の例外を除き、禁じられています。
- 本書についてご質問等ございましたら、マイナビ出版の下記URL よりお問い合わせください。お電話でのご質問は
　受け付けておりません。また、本書の内容以外のご質問についてもご対応できません。
　https://book.mynavi.jp/inquiry_list/